水辺のプレイフルインフラ

子どもが遊びを通じて自ら学ぶ

建設技術研究所国土文化研究所 編
子どもの水辺研究会 著
池田駿介・内田伸子・木下　勇・仙田　満 監修

技報堂出版

「プレイフルインフラ」(Playful infrastructure) とは

人間の生活や産業活動の基盤を形成する「インフラストラクチャー(＝インフラ)」に対して，子どもたちが遊びを通じてワクワク・ドキドキしながら，自ら学び成長していく「プレイフル・ラーニング」の要素を加えたもので，いわば子どもの遊びや学びを育む社会的な基盤を意味する，「子どもの水辺研究会」からの提唱です。

刊行に寄せて

私が生まれ育った地域は，目の前に海が見え，後ろには山があり，近くには滝のような川がありました。小さいころの遊びの場はいつも屋外でした。さまざまな環境の中に棲む生き物を捕まえたり，水の流れを楽しんだり，砂を掘ったりする一方で，海や川には足が届かない深い場所があること，滑りやすい石があったりすること，流れで足をすくわれたりすること，人間にとって危険な生き物がいることなど，自然体験から安全を学ぶということもよくありました。

あのころから数十年が経ち，子どもたちの遊びは大きく変化しました。電子ゲーム機やスマートフォンの発達によって屋内で遊ぶことが多くなり，特にまちの中では安全が優先され，屋外の遊び場が少なくなっている感があります。外での遊びをあまり経験していない子どもたちが，大人になって親になったときに，自然の楽しみ方をどのように伝えるでしょうか。

高度経済成長期以降，わが国は多くのインフラを整備し，安全・安心・快適な国民の暮らしや産業を支えてきました。その中で私たち建設コンサルタントは，技術の提供という形で社会の発展に貢献してきました。ただ，その過程において，インフラのユーザーである国民一人ひとりがどのようにインフラを使うのか，という観点は不足していたかもしれません。インフラの整備プロセスの中に住民が参加する事例もありますが，その住民のほとんどは「大人」であり，大人の目線による議論が中心となっています。すべての大人は「子ども」の時代を経験してきていますが，子どものころの感覚は少しずつ薄れていくものです。つまり，子どもの目線からインフラが語られることは，これまでほとんどなかったと思います。戦争，搾取，貧困，経済格差，基本的な生活基盤の欠如，ネグレクト，暴力等々，子どもたちを取り巻くさまざまな問題は，新型コロナウイルスによる感染症の拡大によって，さらに深刻化してきています。こうした状況に対して，子どもたちが安心して過ごせる居場所づくりこそ，これからのインフラが目指す方向性の一つになるのではないでしょうか。折しも日本では「こども家庭庁」の創設に向けた議論が始まろうとしています。株式会社建設技術研究所では，こうした状況を見据え，子どもたちが生き生きと暮らせる未来の社会づくりに取り組むべく，研究を行いました。

本書は，フィールドとして川を選び，子どもを主人公に据えて，インフラのあり方について研究を行った成果を取りまとめた，画期的な書籍だと思います。教育に携わる皆さま，土木技術者の皆さま，アウトドアの遊びにご関心がある皆さまをはじめとして，多くの方々にお読みいただきたいと思います。

最後に，本書の執筆と編集に尽力された「子どもの水辺研究会」の皆さまに厚く御礼を申し上げます。

2022年3月

株式会社建設技術研究所
代表取締役社長　中村哲己

はじめに

2007年，ユニセフがOECD（経済協力開発機構）加盟国を対象に行った調査レポート[1]の結果には，大きな衝撃を受けました。日本では孤独を感じている子どもたちが多く，その割合は他国と比べて突出して高いというのです。また，内閣府が発表する「令和元年版子供・若者白書」[2]では，日本の若者は，諸外国の若者と比べて，自身を肯定的にとらえている割合が低く，また自分は役に立たないと感じる傾向にあり，引きこもりの長期化，深刻化が問題視されています。同じく「令和3年版子供・若者白書」[3]では，子どもや若者を取り巻く社会状況として，孤独・孤立の顕在化など10項目が挙げられています。このように，2007年の孤独感にさいなまれていた状況は，新型コロナウイルス感染症の影響も相まって，現在も変わらないか，むしろより深刻化していると考えられます。

ところで，孤独とは一般にほかの人々との接触や関係，連絡がない状態を指すものですが，日本の子どもたちは果たして本当にそのような状態に置かれているのでしょうか？

確かに一人で電子ゲームに没頭する時間が増えている一面はあるかもしれません。しかしながら，他国の子どもたちと比べて著しく孤独な状態に置かれているとは考え難い気がします。そう考えると，日本の子どもたちは必要以上に孤独を感じやすくなっている，つまり物事を消極的にとらえてしまうような心理状態に陥りやすくなっているということかもしれません。このことがこの問題の本質のように思えます。

この要因にはさまざまなものがあると思いますが，ある小学校で実施した興味深いアンケート調査結果（5章）によれば，子どもの心身の成長と自然体験との間には関係性があり，特に都市部では子どもたちが自然を体験できるような環境が少ないことが孤独感の増加に関係しそうだということが見えてきました。そこで筆者らは，都市部での身近な自然である水辺環境に着目し，子どもたちの心身の成長にとって水辺環境がどのような役割を果たしているのか，また将来にわたってどのような水辺環境を残していくべきなのかを研究することにしました。

都市の中の水辺については，古くから洪水に対しての安全性の確保や水資源・舟運などの利用のために長年にわたって人の手が加えられてきました。近年では「親水性」や「生物多様性」の概念も重要視されていますが，子どもたちの遊び場，心身の成長の場など，子どもの視点に立った水辺づくりについてはほとんど触れられていないのが実状です。

そこで，本研究では子どもの視点からの水辺づくり，まちづくりを進めるため，土木工学，建築学，発達心理学，こども環境学，都市計画学の専門家からなる「子どもの水辺研究会」を立ち上げ，2014 年から 2020 年にかけて研究を行ってきました[4)]。

研究方法については，まず子どもたちが水辺遊びを通じて培う能力や資質を把握し，その育成に必要な水辺の環境条件や水辺の利用促進につながるまちづくりの要素を明らかにしていきました。

能力や資質といった目に見えない内面の把握には，発達心理学の分野でしばしば用いられる「発話分析」を採用しています。発話とは子どもたちが発することばのことですが，これを分析することで頭に浮かんだ考えや気持ち，そこで身につけている能力や資質を読み取ることができます。この分析を行うため，まず子どもたちが遊んでいる水辺でのフィールド調査を実施し，子どもたちの会話を記録しました。次に「能力・資質の分類基準」を作成し，その基準にした

小駄良川（岐阜県郡上市）

がって，記録した発話の中に含まれる能力や資質を抽出，分類し，頻度を出しました。これにより，子どもたちはどのような能力や資質を発揮し，育んでいるかを把握しました。

水辺の環境条件は，発話が確認された空間を形成している要素を現地にて確認していきました。従来の親水空間設計でもさまざまな指標が用いられていますが，本研究ではそれらに加えて，子どもたちの心身の育成につながる要素を重視し，新たな知見として整理しました。

また，せっかく水辺空間を整備しても実際に利用されなければ意味がありません。そのため，子どもたちの水辺の利用が促進されるようなまちづくりの要素もアンケート調査などによって分析していきました。

本研究の結果，子どもたちは身近な自然である水辺での遊びを通じて，孤独感の払拭につながる「人との関わりに関する力（交渉力や共感性）」を育むほか，「課題解決力」や「創造力」も育んでいることがわかりました。特に後者についてはとても興味深い結果だと思います。というのも，これらは2020年度から小学校でスタートした新学習指導要領でうたわれている「生きる力」の一つと考えられるからです。少子高齢化が加速するなか，国連が定めた「持続可能な開発目標」（SDGs：Sustainable Development Goals）を達成していくには，未来を担う子どもたちのさまざまな困難を乗り越える能力が不可欠です。そのような能力を身につけるためにも，水辺での遊びはとても重要な役割を担っているということだと思います。

神田川（東京都三鷹市）

本研究の成果を踏まえ，研究会では「プレイフルインフラ」という新しい概念を提唱しました。「プレイフルインフラ」とは，人間の生活や産業活動の基盤を形成する「インフラストラクチャー（＝インフラ）」に対して，子どもたちが遊びを通じてワクワク・ドキドキしながら，自ら学び成長していく「プレイフル・ラーニング」の要素を加えたものであり，いわば子どもの遊びや学びを育む社会的な基盤を意味しています。そして，この「プレイフルインフラ」は，日本学術会議の提言「気候変動に伴い激甚化する災害に対しグリーンインフラを活用した国土形成により“いのちまち”を創る」[5)] におけるグリーンインフラの定義「自然環境を生かし，地域固有の歴史・文化，生物多様性を踏まえ，安全・安心でレジリエントなまちの形成と地球環境の持続的維持，人々の命の尊厳を守るために，戦略的計画に基づき構築される社会的共通資本」にも合致するものと思います。

本書の構成は，まず１章で，日本の子どもたちの現状として，外遊びの減少に関する問題点を整理するとともに，世界の取り組み事例を紹介しました。

２章では，主に戦後日本の都市河川を中心とした河川行政の変遷をたどるなかで，子どもたちのことがどのように考えられてきたのかを考察しました。

３章では，人間の発達における遊びの意味と意義を踏まえ，子どもが好きなだけ探求・探究し，発見し，創造活動を展開できる空間の必要性を述べました。

４章では，子どもにとって大切な遊び環境，遊び空間について整理し，なかでも水辺空間の果たす役割の重要性を述べています。

５章では，水辺での遊びを通じてどのような能力，資質が育成されるのかについて，実際に現地で発話調査を行った結果を詳しく述べています。

６章では，５章までの研究成果を踏まえて，「プレイフルインフラ」の提案を行い，プレイフルインフラの中でも，特に子どもたちが大好きな遊び場の一つである「水辺」に着目したプレイフルインフラのあり方や，まちと水辺のつながりについて，事例などを交えて整理しています。

７章では，こうしたプレイフルインフラを子どもたちが安全に活用するために必要な，水難事故防止のリスクマネジメントや災害時の避難について既往の研究や事例を紹介しています。

最後の８章では，これらの成果の普及に向けて，研究会からの五つの提案をとりまとめました。

本書が子どもの成長や水辺空間整備について，関係するさまざまな分野の方々が一緒に考えるきっかけとなり，未来を担う子どもたちの健全な成長に貢献できれば幸いです。

2022 年 3 月

子どもの水辺研究会

《参考文献》

1）UNICEF（2007.2）「レポートカード 7- 先進国における子どもの幸せ：生活と福祉の総合的評価 -」pp.68-69
2）内閣府「令和元年版子供・若者白書」
https：//www8.cao.go.jp/youth/whitepaper/r01honpen/pdf_index.html
3）内閣府「令和 3 年版子供・若者白書」
https：//www8.cao.go.jp/youth/whitepaper/r03honpen/pdf_index.html
4）国土文化研究所「国土文化研究所年次報告」Vol.13 ～ 15，18，19
5）日本学術会議環境学委員会都市と自然と環境分科会（2020.8）「気候変動に伴い激甚化する災害に対しグリーンインフラを活用した国土形成により“いのちまち”を創る」

1 いま，子どもたちに起きていること

子どもは遊びの天才といわれますが，
近年，日本で，世界で，
子どもたちの外遊びは減ってきています。
いま，子どもたちに，何が起きているのでしょうか。

1-1 日本の子どもたちのいま

2020年9月25日，日本学術会議による提言『我が国の子どもの成育環境の改善にむけて』が公表されました[1)]。

この提言では，わが国における子どもの成育に関わる施策がほかの先進国に比べて遅れていることや，その結果として「少子化」，「子育てストレスに伴う児童虐待」，「子ども・若者の自殺率の高さ」をはじめとする，さまざまな問題が生じていることを指摘しています。また，それらの問題の一端として「子どもの外遊びの減少」について取り上げ，その影響や要因について以下のとおり述べています。

子どもたちの外遊びの減少とその影響

わが国において，小学生を対象に行われた調査（2016 ~ 2018）では，平日において学校から帰宅後に「外で遊ぶ日が全くない」という子どもが都市部において全体の8割，農村部においても6割を占めるという結果となっており[1)]，現代の子どもたちは外遊びの機会が驚くほど少ない状況を示しています。

外遊びは子どもの心身の発達に寄与するところが極めて大きいといわれ，外遊びの不足による影響は「体力低下」，「肥満」，「免疫低下」，「近視の増加」といった健康面にとどまらず,「非認知能力」（IQや学力テストなど数値では測れない内面の力のことで，目標に向かって頑張る力，ほかの人とうまく関わる力，感情をコントロールする力などさまざまな能力を指します）の獲得機会の減少につながるとされています。また,そのことによって「心理的障害の増加」が生じるという研究結果も示されています[2)]。

さらに，外遊びは，子どもたちが多くの他者と集団で遊ぶなかで，主体的な遊びを通じて自分たちの居場所を獲得するとともに社会の中での育ちを経験することで，「幸福感」や「自己肯定感」，「自己有用感」などが育まれる効果があるとされています。

このように，子どもたちの健やかな発達のために，外遊びは欠かせないものであるといえます。

一方，厚生労働省が取りまとめた「令和３年版 自殺対策白書」では，10歳代および20歳代の若い世代で死因の第１位が自殺となっているのは先進国ではわが国のみであると示されています。また，2019年９月に発表されたユニセフの幸福度調査結果[3)]においては，わが国の子どもたちの「精神的幸福度」（生活満足度が高い子どもの割合，自殺率を指標として分析）は調査対象38か国中の37位という衝撃的な結果も示されており，外遊びの機会が減少していることとの関連が示唆されます。

外遊びのための空間の減少

わが国において子どもの外遊びの機会が減少している主な要因の一つとして，社会における外遊びのための空間が失われつつあることが挙げられます。かつての子どもたちは，「公」の空間（住宅地の中の道や空き地，公園，緑地や山，川といった自然など）を自由に利用して遊んでいました。

しかしながら，近年はこの「公」の空間にも変化が生じ，遊びが大きく制限されています。

例えば，「住まいや住宅地」については，保護者同伴でないと子どもの外出が難しい高層住居や，プライバシーを重視するあまり近隣関係を築けないような住宅開発形態が増加し，子どもたちだけでの遊びがしづらくなっています。

「住宅地の中の道」については，かつては家の前の路地などを利用して子どもたちが遊んでいた時代もありましたが，今では市街地整備によってそのような路地が減少しているうえ，交通安全が最優先とされ，子どもの遊びは道路から排除されています。

また「住宅地の公園，緑地，オープンスペース」などにおいても，近年は禁止事項が多く，自由な遊びができる場が圧倒的に不足しています。

このように，かつては「公」の空間の中に豊富にあった子どもたちの遊びの空間は失われ続けており，外遊びの機会の減少に拍車をかけています。

子どもの外遊びを支える社会へ

近年は，子どもたちの声がうるさいとの住民の苦情などによって保育園の建設を断念せざるを得ないケースに象徴されるように，子どもたちに不寛容な社会になったといわれています。子どもたちの健やかな発達を支えることは，活力ある社会を将来にわたり継続的に維持していくためにも不可欠です。そこで，いま一度「公」の空間の在り方を見直し，子どもたちが自ら主体的に遊びを創り出し，地域の見守りの中で多少の危険を伴う遊びにも挑戦できるような観点から，改めて空間形成を図っていくことが必要ではないでしょうか。

1-2 影を潜めた外遊び，このままでいいの？

「子どもが外で遊んでいない」という警鐘が鳴らされてから半世紀が過ぎました。「1-1　日本の子どもたちのいま」でも述べたように，子どもの遊びの実態調査では，都市部では８割，農村部でも６割の小学生が，放課後に外で遊ばない実態が明らかになっています[1)]。よく遊ぶ場所に関しては，都市や農村を問わず「家の中」が８割以上と多く，続いて「家の周り」が６割，「公園」が４～６割と続き，「川や水路」，「林や森」などの自然空間は１割未満です。自然に恵まれた農村の子どもたちにとっても，その遊び場は必ずしも自然空間とは限りません。一方，都市部にはそもそもこういった自然空間が存在しないことや，アクセスできないことが理由として挙げられます。このように，半世紀前の警鐘は現在では日常の風景と化し，嘆きに変わりつつあります。

最近では，子どもが公園で電子ゲームやスマートフォンで遊ぶ風景も頻繁に見られるようになりました。

私たちは今，Society5.0 に向かっているといわれています[4)]。これまでの社会は「Society1.0：狩猟社会」，「Society2.0：農耕社会」，「Society3.0：工業社会」，「Society4.0：情報社会」と進み，これからは「Society5.0：バーチャル空間と現実空間が高度に融合し，経済発展と社会的課題の解決を両立する，人間中心の社会」の実現が目指されています。日本経済団体連合会（経団連）は

公園でのゲーム遊びの様子（提供：寺田光成，エルミロヴァマリア）

「さまざまな制約から解放され，誰もが，いつでもどこでも，安心して，自然と共生しながら，価値を生み出す社会」[5]とも表現しています。

さて，皆さんはSociety5.0の遊びはどのような遊びを思い描くでしょうか。ここでは「Society3.0：工業社会」での遊び場の変化，「Society4.0：情報社会」で普及したバーチャル空間の浸透による遊びの変化を子どもの声を踏まえながら紹介したうえで，「Society5.0」の子どもの遊びはどのようにあるべきか，一つの考え方を紹介していきたいと思います。

「Society3.0：工業社会」での外遊びの変化：「どこでも生える雑草」から「畑で育てる野菜」へ

子どもの遊び場は「Society3.0：工業社会」ごろまで，「地域全体が遊び場だ！」ということが幅広い世代に認識されていました。公園といった定められた遊び場があるわけではなく，川や森，田畑，道や建物の間などが遊び場となり，自然物を含めさまざまなものを遊び道具としながら子どもは遊んでいました。その後「Society3.0：工業社会」の間に，交通事故の増大や急速な都市化により公園整備が進み，「公園が遊び場だ！」と幅広く認識されるようになります。同時に公園以外の場所の「遊び場」としての役割や認識は薄れはじめ，遊び道具も既製品の遊具などを利用することが多くなっていきました。

このような遊び場の変化，習い事や塾などの生活の変化の中で，遊びは「どこにでも生える雑草」から「畑で育てる野菜」のような側面が強くなってきました。かつては，どこにでも生える雑草のように，場所や時間に限定されずに，子どもの遊び集団の力と環境の力を受けながら遊びが発生していました。それが現在では特定の場所や時間を決めて，土作り，種撒き，水や肥料を与えながら野菜を育てるように，意図的に人の手を掛ける対象になってきています。生活環境の都市化が進んだことを背景に，意図的に人の手で環境を作り出したうえで，明確な責任主体を決めて，子どもの外遊びへの支援やリスクマネジメントを大人が担う側面が強くなってきています。無論，子どもは自分自身の力で遊びを発明したり，環境を作り変えたりする力を持っていますが，その力が十分に発揮されるかどうかは，「畑」を管理する大人に大きく影響を受けます。

「Society4.0：情報社会」で広がるバーチャル空間：現在の子どもの遊び

◎遊び場：遊び場のアップデート

公園の遊び場は，先程の例でいうと「畑」に値するものであり，最も子どもに利用される遊び場として位置づけられてきました。しかしながら，近年では禁止事項が増えているとの声も聞こえてきます。

また既製品の遊具は老朽化のため撤去が進み，健康遊具に置き換わるなど，子どもが外で自由に遊ぶには窮屈な環境になりつつあります。先程の畑の例で例えるならば，決して豊かな畑があるとはいいにくく，そもそも種が根づいていない状況があります。

このような状況の中，子どもの遊びの中で確固たる地位を築き，現代の遊びの象徴的な存在となっているのが「電子ゲーム」です。都市部・農村部ともに調査をすると必ず投票数が１位になり，「外で遊んでほしいけれど，ゲームばかり」と大人たちの悩みも頻繁に聞くようになりました。

「なんで公園は全然アップデートされないの？　ゲームならバグ（エラー）がすぐに直ったり，新しいステージが出たり，イベントが出たりするじゃん。（小 6）」

この話は近所の電子ゲーム好きの少年が筆者に尋ねてきたものです。はじめは理解しきれませんでしたが，話を聞いて整理をしたところ「公園では禁止事項（バグ）が増え，遊具が 40 年間変わらず，変わったとしても同じような機能を持つ遊具（ステージ）が並んでいるだけで，代わり映えがない。」ということでした。

公園に見られるバグ（禁止事項）
（提供：寺田光成，エルミロヴァマリア）

確かに電子ゲーム内では規制をしてくる大人はいません。また遊び場をつくる物理的な建設よりも，バーチャル空間をつくる建設の整備が早く，多様で変化に富む遊び場を仕立て上げてくれます。次ページの**図 1** は，小学 6 年生の富田雄軌くんと作成した電子ゲームによる遊びの仕組みです [6)]。YouTube などを通して，楽しい電子ゲームコンテンツや，電子ゲームの楽しみ方，コツを教えてくれる人に助言を受けながら，継続的に飽きないで電子ゲーム遊びができる環（ループ）が作り出されています。

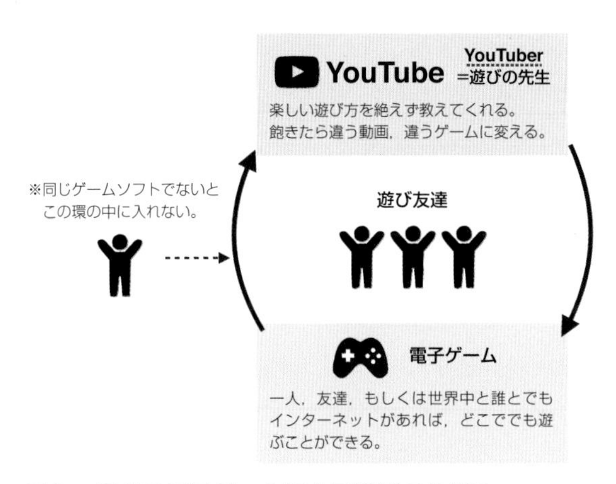

図１　現代の電子ゲームによる遊びの仕組み
（提供：寺田光成，エルミロヴァマリア）

◎待ち合わせ場所はゲーム内で

「今日は 15 時から遊ぶ予定。ネットで集合して遊ぶ。（小 5）」

近年では電子ゲームの進化によって，そもそも外に出る必要性がなくなりつつあります。

電子ゲームが登場した当初は，駄菓子屋やゲームセンターでのみ遊ぶことができましたが，1980 年代，個人の家の中でできるようになり，1990 年前後から持ち運びができるようになりました。子ども同士で相談し，ゲームカセットを持って誰かの家に集まっていたものが，持ち運びが可能になったことにより，どこかに集まって電子ゲームができるようになりました。さらに現在ではゲーム機をインターネットにつなぐことにより，おのおのが家にいながら電子ゲームの中で待ち合わせ，ヘッドフォンを通して話しながら遊ぶことができるようになっています。

インターネットは，習い事で忙しく時間が限られている子ども，農村部など遊びたいけれど友達の家が遠いといった課題を持つ子どもにとって便利なツールとなっています。さらには新型コロナウイルスなどの影響から，電子ゲームやスマートフォンなどの利用時間を示すスクリーンタイムが増加していることが報告されています[7)]。このようにおのおのが家に居ながら遊ぶ方法は今後さらに拡大していくかもしれません。

ただし，実際には前述したように外に出てきて電子ゲームをしている子どもも多く見受けられるようになっています。そのような子どもたちに理由を尋ねてみると，「家でゲームをやると，友達が集まって親に怒られるから」，「直接友達に会ってゲーム以外の遊びもしたいから」といった返事が返ってきました。屋内遊びのツールであった電子ゲームが，屋外遊びのツールの一つとしても扱われている状況があるようです。

◎遊び方の変化による体験のあり方

子どもの外遊びの減少とバーチャル空間の拡大を考えると，現実に川遊び，秘密基地づくり，まち探検をするよりも，『マインクラフト』で基地をつくり，『どうぶつの森』の中で川や海で遊び，土を耕し，『フォートナイト』で探検・バトルをする時間が長い子どもが多くなっているように思います。子どもたちの中には現実体験よりも先にまず電子ゲームで仮想体験する子もいるかもしれません。昔からテレビを通して見たものを真似して遊ぶことはよく行われていましたが，現在は電子ゲームで仮想体験をした後に，現実に体験できるようになり，電子ゲームをきっかけに外で遊ぶ子どもも出てきています。

> 「基地作ろう！こないだマイクラで作ってやりたくなった。
> ……暑いし汚れるし，虫がいるからやりたくない。（小 3）」

しかし電子ゲームの世界では圧倒的に手順が簡素化されています。矢印キーとボタンをいくつか押せば，川を泳ぎ，魚釣りは５秒で結果が出ます。３秒あれば木を切ることもでき，数十キログラムもある木材をたくさん持つことができるうえ，危険もありません。そのため上で紹介した小学３年生のような葛藤が起きることがあります。電子ゲームでの仮想体験とは異なり，現実の世界は手間や匂い，身体の動き，危険，空間の広がりなどがあり，自分がイメージするものを簡単に形作れないことに気づくのです。

「Society5.0」の子どもの遊びへ向けて

「外で遊ぶときは，サッカーして，鬼ごっこになったり，虫とりしたり，友だちと遊んでいると遊びが変わっていくから飽きない。ゲームも面白いけど繰り返しで同じことになる。（小 3）」

ここまで，「Society3.0：工業社会」での遊び場の変化，「Society4.0：情報社会」でのバーチャル空間の浸透による子どもの遊びの変化を示してきました。現代でも，もちろん電子ゲームをしていない子どももたくさんいますし，外遊びで地域に出かけていく子もいると思いますが，時代の特徴としてこれまでの変遷を紹介してきました。電子ゲームに対しては，肯定的あるいは否定的な研究[8)]が発表され，社会でも受け取り方は大きく異なりますが，現在子どもの遊びで最も人気のある遊びの一つだという事実があります。

この事実を受け止めつつ，「Society5.0」に向かうには，「Society4.0：情報社会」で浸透したバーチャル空間や情報技術の実態を認識し，改めて現実空間の魅力を引き出していくことが重要となります。そのためには，「Society3.0：工業社会」前後の「どこにでも生える雑草」とはいかずとも，地域の中に公園や既製品の遊具に限定されない多様な遊び場，「豊かな畑」を作り出しながら，子どもが自ら，遊びを通して地域を探索し，新たに発見することのできる場や地域を作り出すことが必要ではないでしょうか。

遊びは何よりも「楽しい」ものであり[9)]，子どもはさまざまな制約の中で楽しみを求めて遊びを選択します。今後，Society5.0 の実現により制約から開放された結果，結局選択される遊びが「電子ゲーム」だけにならないよう屋外の遊び場のアップデートが求められています。

アメリカの心理学者で，子どもの遊び進化学の権威であるピーター・グレイ氏は，子どもは遊びを通して，「環境との相互作用の中で，環境との関わりを変化させ，環境から影響を受けて発想を得たり行動を変える経験を積むこと」，また「子どもは自主的な遊びと探索を通して自らを教育すること」，そのような「自立した学び手」になることを指摘しています[2)]。

前述した小学校３年生のことばにもあるように，屋外や自然環境における外遊びには，次々に遊びが変わる面白さがあるようです。電子ゲームといったプログラミングされた環境の変化に比べ，自然環境には予想不可能な大小さまざまな変化が常に起こります。なお，最新の研究では，小学生のころに自然や社会，文化との触れ合いを多く体験した高校生は，そうでない高校生と比べて自尊感情が高いことが明らかになっており[10)]，屋外や自然環境での外遊びが子どもたちにとって大切であることも示されています。ですから，「Society5.0」に向けた屋外の遊び場のアップデートは，必ずしも遊具などの人為的なものに頼る必要はなく，自然の営力による無限のアップデートが可能な自然環境という空間を用意してあげることが必要なのかもしれません。

1-3 世界の取り組み

本節では世界の子どもの遊びの実態と動向を踏まえながら，これからのわが国における水辺空間やまちづくりのヒントを探っていきます。

先進国における子どもの遊び

◎スクリーンの中で過ごす時間の増加

「Society3.0：工業社会」による都市化と過剰な開発，「Society4.0：情報社会」による仮想空間の拡大により，日本の子どものみならず，世界の子どもの遊びの風景が変わってきました。イギリスでは平均で週 8.2 時間遊んでいた親世代に比べて，現在の子ども世代では 4 時間程度しか遊んでいないこと[11)]，子どもたちだけで公園などの公共空間で遊ぶ割合も減少していることが報告されています[12)]。またアメリカの子どもは 1 日平均で 4 ～ 7 分しか外で遊ばないのに対して，7 時間以上スクリーンタイムがあることが報道されています[13), 14), 15)]。

この背景には電子メディアの役割が肥大化してきただけではなく，子どもの成育に対する過剰な期待や教育プログラムの増加に伴い子どもが遊ぶこと自体が軽視されるようになったこと，公共空間における寛容性の低下，不審者に対する恐怖などから子どもが外で気軽に遊べなくなったこと，などが挙げられています[16)]。2000年代には先進国における子どもが「Bubble wrapped kids」(気泡緩衝に包まれた子ども)[17)]と表現され，子どもに対する過度な心配，保護の姿勢が批判的に示され，子どもの外遊びにおける挑戦性が排除されてきたことが浮かび上がってきました。これに対して近年では「Risky play」(危険を伴う遊び)[18)]の重要性が指摘されるようにもなってきました。

この外遊びの減少とともに大きな課題となっているのが自然との関わり合いの減少です。リチャード・ルーブの『あなたの子どもには自然が足りない（原題：Last Child in the Woods)』[19)]の中で，子どもたちの身体的・精神的な問題が増大したことと極度に自然との関わりが減少したこととの関連を示すことが「自然欠乏症候群」として取り上げられ，各国でその課題意識に基づく取り組みが行われるようになりました。

◎ screen time to green time（スクリーンから緑（グリーン）へ）の取り組み事例

前節で「Society5.0」に向けて，屋外の遊び場を自然の営力に期待したアップデートをしていくことを示しましたが，これは日本のみならず世界的に求められているものと考えられます。急激に増加した子どもたちのスクリーンタイムをグリーンタイム(自然と親しむ時間)に変えていくための遊び場の方向性を探るため，世界の事例をみていきましょう。

緑の中で子どもが遊び・育つ園庭・校庭づくり

子どもが多くの時間を過ごす園庭・校庭においては，緑に乏しく砂利やコンクリートに覆われた平坦な地面を，自然があふれ起伏に富む環境に変える動きが1990年ごろから見られるようになりました。

イギリスのLearning Through Landscape（ランドスケープから学ぶ)，ドイツのGrün macht Schule（緑が学校をつくる)，アメリカのNatural Learning Initiative（自然学習イニシアティブ)，そして北欧やドイツで「森のようちえん」などの取り組みが展開してきました。また自然に依拠した子どもに育つ場を作り出すための世界的なネットワークとして，Children & Nature Network(子ども & 自然ネットワーク)やInternational Schoolyard Alliance

ドイツベルリン中心部の小学校「緑が学校をつくる」
(提供：寺田光成，エルミロヴァマリア)

(国際校庭園庭連合) などが登場し，子どもが自然と共生しながら過ごすことのできる空間づくりの実践が共有されています。

日本においても，校庭内に森を作り出した千葉県習志野市の谷津南小学校における「えんやこら～学校環境を考える会～」のように，園庭や学校ビオトープの整備とともに緑豊かな環境を作り出す動きが見られます。

またこれらの自然豊かな環境での外遊びの中で生じる危険に関しては，危険を排除するのではなく，遊びを通して得られる価値 (便益) と，リスクの大きさを天秤にかける「Risk benefit assessment」[20), 21)] のツールキットの開発が2000年代からイギリスを中心に進んできました。子どもの遊びに携わる大人たちが，遊びの便益とリスクの双方を評価しながら事故予防に努め，可能な限りの遊びを許容していくことに役立っています。

公園における冒険遊び場づくり

都市化により，多くの遊び場が整備されてきましたが，同じような遊具が並び無機質な空間となっていることに加え，禁止事項によって行動が制限されるなか，子どもにとって魅力的な遊び場とはなっていないことが課題となっています。そこで世界的に広がってきたのが冒険遊び場(プレーパーク)です。世界初の冒険遊び場は，1943年，第二次世界大戦中のデンマークで始まり，イギリスの造園家アレン卿夫人によってイギリス全土に広がった後，この活動はヨーロッパに広がっていきました。現在ではヨーロッパ内で1,000か所にのぼる冒険遊び場があるといわれています。

日本では，1970年代にアレン卿夫人の著書『都市の遊び場』が大村虔一，大村璋子夫妻によって翻訳・紹介され，1979年，行政と市民による協働運営で日本初の常設の冒険遊び場「羽根木プレーパーク」が東京都世田谷区に誕生しました[22]。プレイリーダーの存在により，思いっきり遊ぶことのできる環境が整備され，自由な空間との関わりが許容されるプレイパークは，その多くが地域住民の運営によって支えられており，2020年には全国に460団体近くが存在しています[23]。子どもにとって魅力的な遊び場として，地域住民の手により空間を作り変えていく日本の冒険遊び場づくりの活動は，世界的にも特筆すべき展開といえます。

なお，本書では，以下の用語を次のような意味で用います。

・プレイリーダー（プレーリーダー）

子どもがいきいきと自由に遊ぶことのできるよう，遊びの環境づくりを行う人のこと。プレイワーカーのみならず，地域住民，ボランティアなど幅広い人々を指す。

・プレイワーカー（プレーワーカー）

冒険遊び場や児童館などで，子どもが自由に遊べる環境づくりを行う技能を有する専門家，専門職の人のこと。

・プレイパーク（プレーパーク）

冒険遊び場のこと。冒険遊び場とは，すべての子どもが自由に遊ぶことを保障する場所であり，子どもは遊ぶことで自ら育つという認識のもと，子どもと地域とともにつくり続けていく，屋外の遊び場のことで，「プレイパーク」はその通称，愛称のことである。

人間中心の道路づくり

道路はかつてより子どもの遊び場，そして人々の交流の場として利用されてきた場所ですが，現代社会ではすっかり自動車交通の場となってしまっています。アメリカのジャーナリストであり，近代都市計画を批判したジェイコブズは,「街路において子どもは大人と出会い,大人の振る舞いを見ながら公共の意味を自然と理解していく」[24]と述べ,人間中心の街路の重要性を訴えています。またイギリスで行われた研究によれば,交通量が多いほど,近隣の友人や知人の数が減少し,また近隣住民が子どもの自由な行動を抑制するようになるなど,人間中心の道路を取り戻すには自動車の交通量やスピードを抑制することの重要性が示されています[25]。

こうしたことからヨーロッパ各国では,豊かな暮らしの場としての道づくりが進み,子どもが遊んでいても安全が確保される環境が構築されています。

ドイツ 遊びの道(提供:寺田光成,エルミロヴァマリア)

コラム1 ヨーロッパにおける取り組み

1970年代のヨーロッパでは住宅地の生活道路への自動車が増え,歩行者への安全対策と,子どもの遊び空間や近隣の交流の場としての道路についての議論が高まりました。そのような中,オランダでは道路をあえて曲げたり,凹凸をつけるなどして自動車を通りにくくする整備(交通静穏化)をした『ボンエルフ(Woonerf:生活の庭)』が始まり,車の速度を低く規制して,子どもが遊ぶことを許容するように交通法を改正しました。このような取り組みは,ドイツではSpielstraße，オーストリアではWohnstraßeとよばれ1970年代後半にヨーロッパ各国に広がったといわれています[1)]。

日本でも1980年代にボンエルフを模範とする「コミュニティ道路」が導入されましたが，歩道と車道を分けたものであり，歩行者と車が共存する空間ではありませんでした[2)]。また，ボンエルフなどの各国の取り組みは交通安全対策としての色合いが濃く，遊びや滞留といった生活の場としての空間形成や使い方の側面には焦点が当たってこなかったという指摘[3)]もあります。

一方，イギリスでは，「道路を単なる車両の通行機能とする代わりに，住民のための場として使うことで，住宅地内道路での生活の質を向上させること」を目的とした道路施策『ホームゾーン（Home Zone)』を1998年の交通白書で提唱し，2000年には交通法を改正しました。このホームゾーンの取り組みは策定プロセスに住民が密に参加することを重視し，地域のコミュニティ形成を経て子どもの遊ぶことができる道路を各地で実現しています[3)]。

かつての日本の都市でもあちこちで見られた銭湯や駄菓子屋の前の道路のように，いつも誰かの目が子どもたちの遊ぶ姿をそっと見守っている場所を，これからの住宅地の道路空間に実現するためには，空間を確保することに加えて，地域のさまざまな人々によるコミュニケーションがポイントになるのかもしれません。

《参考文献》

1）日本学術会議 子どもの成育環境分科会（2011）「我が国の子どもの成育環境の改善にむけて―『成育空間の課題と提言（2008)』の検証と新たな提案　補注・参考文献」
2）出口　敦・三浦詩乃・中野　卓 編著（2019）「ストリートデザイン・マネジメント」学芸出版社
3）原わかな・薬袋奈美子（2020）「住宅地内のコミュニティ空間の維持活用に関する研究」日本建築学会計画系論文集，第85巻，第768号

わが国では，国土交通省の新しい道路政策ビジョン「2040年，道路の景色が変わる～人々の幸せにつながる道路～」（2020.6）において，今後の道路政策の基本的な考え方として以下の三つを示しています[26)]。

・「SDGs」や「Society5.0」は「人間中心の社会」の実現を目標
　→ 道路政策の原点は「人々の幸せの実現」
・移動の効率性，安全性，環境負荷等の社会的課題
　→ デジタル技術をフル活用して道路を「進化」させ課題解決
・道路は古来，子供が遊び，井戸端会議を行う等の人々の交流の場
　→ 道路にコミュニケーション空間としての機能を「回帰」

子どもが外で遊ばなくなりつつあるなか，①園庭・校庭，②公園，③道といった空間が，子どもの視点でどのように改善されてきているのかについて，世界の動向をみてきました。改めて，前節に示した「Society5.0：さまざまな制約から解放され，誰もが，いつでもどこでも，安心して，自然と共生しながら，価値を生み出す社会」の実現に向けては，このように個別の空間を改善し，まち全体の構造を検討していくことが求められます。

では水辺の空間はどうでしょうか。自然と共生しながら子どもたちが安全に遊ぶことができるような空間として機能しているでしょうか。水辺の多様性のある環境に子どもが慣れ親しむことは，人間も含めた生態環境の維持，持続可能性に重要であると考えられます。2章では，戦後日本における水辺空間がどのように整備されてきたのか歴史を紐解き，子どもの遊びの視点からみると，どのような課題があるのか詳しく見ていきます。

子どもの視点から再考するまちづくり

子どもの視点を保障した空間を考えていくためには，「子どもの権利条約」に子どもの「参加する権利」が示されているとおり，当事者である子どもの意見や立場を反映させていくことが大切です。

2020年9月25日に公表された日本学術会議の提言『我が国の子どもの成育環境の改善にむけて―成育空間の課題と提言2020』[1)]によると，「欧州では子どもに遊びの機会を保障することは行政の責任という認識があるが，我が国ではその認識が弱く，遊びの機会を提供するための施策は極めて不十分である。子どもの声を聞き施策に反映するという観点も薄弱である」ことが指摘されています。

ここで，「遊びの機会を提供する」とは，単に遊び場や公園の数を増やすこと，遊ぶための時間を確保することだけを指しているものではありません。子どもは遊びを通じて主体的に社会と関わり，社会の意味を理解するものと考えれば，子ども自身が子どもの視点でまちや社会に関わる場を保障するということと解釈できます。

ユニセフ（UNICEF：国連児童基金）では，このような子どもの視点を保障したまちを創出すべく，「子どもにやさしいまちづくり事業」（CFCI：Child Friendly Cities Initiative）[27] を展開しています。

「子どもの権利条約」の採択（1989）やリオデジャネイロでの「地球環境サミット」（1992）を経て，1996 年の第 2 回国連人間居住会議で提唱されたこの事業は，2015 年からは「持続可能な開発目標」（SDGs：Sustainable Development Goals）の枠組みの中に位置づけられています。

わが国でも 2014 年以降，「子どもにやさしいまちづくり事業」がいくつかの自治体でパイロット事業として取り組まれてきており，2021 年 6 月には「ユニセフ日本型子どもにやさしいまちづくり事業」が正式に発足し，事業の「自治体向け実施マニュアル」が作成されています。この中で「子どもにやさしいまち」は，次のように示されています。

- 搾取，暴力，虐待から守られ，安心して生活することができる
- 人生のよいスタートを切り，健康に育ち，面倒を見てもらえる
- 生活に不可欠な基礎的サービスを供与される
- 質が高く，インクルーシブな，参加型の教育を受けることで，スキルを磨くことができる
- 「まち」のあり方について意見表明することができ，自分たちに関わる決定に影響を及ぼすことができる
- 家族や市，町，村，コミュニティでの文化的社会的生活に参加する
- 緑地があり，清潔で，汚染されていなく，安全な環境で暮らす
- 友だちと会い，一緒に遊ぶ場所があり，楽しむことができる
- 民族，宗教，収入の多い少ない，ジェンダー，そして能力にかかわらず，人生で平等な機会を与えられる

このように，「子どもにやさしいまち」とは，大人目線で子どもに配慮するということではなく，あくまでも子どもが主体となって社会に参画することを支援するまちであり，子どもに限らず，すべての人にやさしいまちでもあります[27)]。現在，日本ではユニセフの「子どもにやさしいまち」以外にも，多くの自治体で子どもの権利条例などが策定され，子どもの声を聞くことが各自治体レベルで進められつつあります。

今回，子どもの視点により水辺空間やまちづくりのあり方を再考するにあたっては，前述の「スクリーンタイムからグリーンタイム」の動きはもちろん，水辺に対する子どもの声に耳を澄ませていくことが重要です。そこで３章，４章で展開される理論を踏まえながら，５章で実際に子どもの声を把握する調査を行い，どのように子どもの視点を踏まえた水辺空間を変えていくべきか検討していきます。

コラム❷ 子どもの遊びの重要性：世界の研究者からのメッセージ

2019年にNHKで放送されたBS世界のドキュメンタリー「遊びの科学」(原題：The Power of Play) [1)] の中では，「遊び」が人間をはじめ，さまざまな動物にとって優れた大人になるための大切な行為であるとして，室内にこもりがちな子どもたちの未来に，多くの研究者たちが警鐘を鳴らす内容となっていました。この番組の中で語られた世界の研究者たちのことばの趣旨を以下に紹介します。

・心が折れるより，骨が折れたほうがまし：造園家マージョリー・アレン
・子どもに遊びを処方するようすべての医師に推奨する：アメリカ小児学会
・遊びは絆を生み，絆が強くなれば群れの中で生き延びられる。共感と遊びには関連性があり，遊びが思いやる気持ちを育む：霊長類学者エリザベッタ・パラギ
・遊びの中では立ち直ることができる。遊びを経験しないと社会的敗北から立ち直れず，社交不安が強くなる：神経科学者サージ・ペリス
・遊ぶことでリスクをコントロールする基本的なすべが身につく。今の大人が

子どものころに遊んでいなかったことが問題。大人は子どもの遊びを邪魔しないことが大事：発達心理学者マリアナ・ブルッソーニ
・あらゆるリスクから守ってしまうと困ったことへの対応ができない：動物行動学者ゴードン・バーグハート
・遊びやすいまちとして，まちに遊びの要素を取り入れることが大事。遊びやすさの指標をつくる。遊びには批判的なものの見方や独創性，失敗から学び自信を持って新しいものを作り出す力がある：発達心理学者キャシー・ハーシュ＝パセック

《参考文献》

1）NHK（初回放送 2019.11.26）「BS 世界のドキュメンタリー『遊びの科学』」

《参考文献》

1）日本学術会議　子どもの成育環境分科会（2020.9.25）「我が国の子どもの成育環境の改善にむけて—成育空間の課題と提言 2020—」
2）ピーター・グレイ（吉田新一郎 訳）（2018）「遊びが学びに欠かせないわけ—自立した学び手を育てる」築地書館
3）UNICEF（2020.9）「レポートカード 16—子どもたちに影響する世界：先進国の子どもの幸福度を形作るものは何か—」
4）内閣府（2018）「科学技術政策」
https：//www8.cao.go.jp/cstp/society5_0/（最終閲覧日 2021 年 9 月 11 日）
5）一般社団法人 日本経済団体連合会（2018）「Society5.0—ともに創造する未来—」
https：//www.keidanren.or.jp/policy/2018/095.html（最終閲覧日 2021 年 9 月 11 日）
6）富田雄軌・寺田光成・ERMILOVA Mariia・木下　勇「外遊びも『ゲーム』に ～ぼくが公園にもどれなくなったわけ～」こども環境学会研究，Vol.17，No.1，p.55
7）国立成育医療研究センター（2020）：第 3 回調査報告書「コロナ×こどもアンケート」
https：//www.ncchd.go.jp/center/activity/covid19_kodomo/report/finreport_03.html（最終閲覧日 2021 年 9 月 11 日）
8）Kardefelt Winther，Daniel（2017）. How Does the Time Children Spend Using Digital Technology Impact Their Mental Well-being，Social Relationships and Physical Activity? An Evidence-focused Literature Review，Innocenti Discussion Papers no. 2017-02，UNICEF Office of Research - Innocenti，Florence.

9) ヨハン ホイジンガ（里見元一郎 訳）（1938）「ホモ・ルーデンス」河出書房新社
10) 文部科学省（2021）：令和2年度青少年の体験活動に関する調査研究結果報告～21世紀出生児縦断調査を活用した体験活動の効果等分析結果について～
https://www.mext.go.jp/b_menu/houdou/mext_00738.html（最終閲覧日2021年9月10日）
11) England, N.（2016）. Monitor of engagement with the natural ENVIRONMENT PILOT study: Visits to the natural environment by children. GOV.UK. Retrieved September 12, 2021.
https://www.gov.uk/government/statistics/monitor-of-engagement-with-the-natural-environment-pilot-study-visits-to-the-natural-environment-by-children.（最終閲覧日2021年9月11日）
12) O' BRIEN, M., JONES, D., SLOAN, D., & RUSTIN, M.（2000）. Children's Independent Spatial Mobility in the Urban Public Realm. Childhood, 7（3）, 257-277.
https://doi.org/10.1177/0907568200007003002
13) Hofferth, Sandra and John Sandberg（1999）. "Changes in American Children's Time, 1981-1997", University of Michigan Institute for Social Research.
14) Juster, F. Thomas et al.（2004）. "Changing Times of American Youth：1981-2003", Institute for Social Research, University of Michigan.
http://www.umich.edu/news/Releases/2004/Nov04/teen_time_report.pdf 3（最終閲覧日2021年9月14日）
15) Rideout, Victoria et al.（2010）. "Generation M: Media in the Lives of 8-18 Year-Olds", The Henry J. Kaiser Family Foundation.
http://www.kff.org/entmedia/entmedia030905pkg.cfm（最終閲覧日2021年9月14日）
16) UN Committee on the Rights of the Child（CRC）, General comment No. 17（2013）on the right of the child to rest, leisure, play, recreational activities, cultural life and the arts（art. 31）, 17 April 2013, CRC/C/GC/17, available at：
https://www.refworld.org/docid/51ef9bcc4.html（最終閲覧日2021年9月14日）
17) Malone, K.（2007）. The bubble - wrap generation：Children growing up in walled gardens. Environmental Education Research, 13（4）, 513-527.
https://doi.org/10.1080/13504620701581612
18) Hansen Sandseter, E. B.（2007）. Categorising risky play—how can we IDENTIFY RISK - TAKING in CHILDREN'S PLAY? European Early Childhood Education Research Journal, 15（2）, 237-252.
https://doi.org/10.1080/13502930701321733

19) リチャード・ルーブ（春日井晶子 訳）（2006）「あなたの子どもには自然が足りない（原題：Last Child in the Woods)」早川書房
20) Play Safety Forum. Managing risk in play provision (2008)：a position statement. London：Play England.
21) Ball DJ, Gill T, Spiegal B. Managing risk in play provision (2012)：implementation guide. London：Play England.
22) 寺田光成（2017)「冒険遊び場・プレーパーク運動 ―遊び あふれる まちをつくるために―」子どもの文化，2017年7+8月号，pp.78-89
23) 梶木典子・寺田光成（2021)「冒険遊び場づくり活動団体の活動実態に関する研究　第8回冒険遊び場づくり活動団体実態調査の結果より」日本建築学会大会学術講演梗概集（計画系)，pp.383-384
24) ジェイン・ジェイコブズ（山形浩生 訳）（2010)「アメリカ大都市の死と生」鹿島出版会
25) Hart, J., & Parkhurst, G. (2011). Driven to excess：Impacts of motor vehicles on the quality of life of residents of three streets in Bristol UK. World Transport Policy and Practice, 17 (2), 12-30
26) 国土交通省（2020)「2040，道路の景色が変わる～人々の幸せにつながる道路～（社会資本整備審議会道路分科会基本政策部会の提言)」
https：//www.mlit.go.jp/road/vision/index.html（最終閲覧日：2021年9月10日）
27) UNICEF（1996)「ユニセフの子どもにやさしいまちづくり事業」
https：//www.unicef.or.jp/cfc/index.html

2 川づくりのあゆみと子どもたち

子どもたちは水辺で遊ぶことが大好きです。
戦後日本の川づくりの中で，
子どもたちのことはどのように考えられてきたでしょうか。

2-1 川づくりのあゆみ

日本の近代化の中の河川と子どもたち

日本には大小数多くの河川が流れています。私たちはその河川をさまざまに利用して，河川のほとりに暮らし，やがて都市を築いてきました。また，農業や工業などに水を利用し，舟で物資を運ぶため，たくさんの用水路や運河を開削してきました。

東京を例にとると，いまから400年あまり前，徳川家康は利根川や荒川の河口である江戸の地に城下町を築きましたが，江戸はやがて隅田川（荒川）や武蔵野台地から流れ下る河川に加え，用水路や運河が四通八達した世界でも有数の水の都として発展しました。明治以降，近代都市東京として生まれ変わるなかでも，これらの河川や水路，運河は東京に暮らす子どもたちにとって身近な存在であり，子どもたちは泳いだり，魚を捕ったりと，水辺で遊んだたくさんの思い出を持って育っていきました。一方，河川は同時に水害をもたらすものでもありました。雨が降り続くとしばしば河川は氾濫し，時に大きな被害が生じますが，子どもたちはこうした河川の怖さもまた，自らの体験として学んでいました。

しかし，社会の近代化，経済の高度成長に伴い，水辺は次第に子どもたちから遠い存在となっていきます。都市からの排水により河川や水路，運河の水は汚れ，泳いだり，魚を捕ったりすることはできなくなりました。また，舟運や用水としての利用も少なくなっていくと，河川や水路，運河そのものが姿を消していきます。東京の場合は，1923年の関東大震災のがれき処理，1945年の東京大空襲のがれき処理などのために水面が埋め立てられ，戦後の経済の高度成長期には道路建設や下水道建設のために河川空間が利用されました。このため，多くの河川，水路，運河が埋め立てられ，暗渠化されて，子どもたちの目に触れることすらなくなっていきました。また，戦後の急激な水利用の増大や洪水の頻発に対応するため，河川では多くの工事が進められ，河川の人工化も進んでいきました。

日本においては，1960年代ごろは全国的にも水質の汚濁が進み，河川の埋め立てが盛んに行われた時期でしたが，こうした反省から，次第に河川の環境改善の取り組みが始まっていきます。1970 年代に入ると，河川は単に治水や利水の機能を果たすだけではなく，水に親しむことが重要であるとする親水概念が広く提唱されるようになりました。1980 年代には，従来それぞれ別々に実施されていた河川改修とまちづくりを水辺空間として一体的に整備するためのモデル事業が多く行われ，水辺空間の整備に地域の声，子どもたちの声が反映されるようになります。1990 年代には河川の整備を単に人の安全や利便性向上だけのために行うのではなく，河川に生息，生育，繁殖する多様な生物にとって必要な河川本来の環境を保全，再生するための川づくりが展開されていきます。さらに，2000 年ごろからは，かつてのように子どもたちが河川で遊び，学ぶ姿を取り戻すための施策が多く行われていくことになります。このようにして，河川行政の中でも，「子どもたちが遊ぶ水辺」を意識した取り組みが進められてきました。

ここでは，こうした戦後の河川行政の動きを簡単に振り返ることで，子どもが遊び成長するための水辺空間のあり方を考えるヒントとしていきたいと思います。

水質の悪化と河川の変容　1960 年代～

わが国では，戦後の高度経済成長期に河川の汚濁が進行しました。今では想像がつきませんが，東京の東部を流れる隅田川は，1960 年代には川底からメタンガスの泡が浮き上がり，悪臭がする汚濁河川でした。河川汚濁の進行に加え，河川改修・農地改良などにより，日本各地で人間だけでなく，水域を生息場としている生物たちが大きな影響を受けました。かつては，子どもたちに親しまれた存在であり，どこにでもいたメダカのような生物が絶滅危惧種や希少種になってしまいました。

1960 年代といえば，わが国の最も大きなイベントとして 1964 年の東京オリンピック開催が挙げられます。東京オリンピックのための都市改造は，道路網の整備を中心に行われました。その一方で，水網都市である江戸・東京を特徴づけてきた運河や水路は埋め立てられ，その一部は高速道路用地に転用されました。東京オリンピックを目前に控えた 1961 年には，東京都都市計画河川下水道調査特別部会が，都市河川を下水道幹線（暗渠）として利用する旨の答申を行いました。この答申では，河川汚濁の現況に対応するとともに，下水道整備を推進するために源頭水源を有しない東京都内の14河川について，

① 暗渠化し，下水道幹線として利用する，

② 下水道幹線として利用しない区間は，舟運などの理由から必要な部分は除いて覆蓋化し，公共的な利用を図る，

としています。この考え方は，地方の中小河川にまで適用され，覆蓋化が進められました。まさに，臭いものに蓋をして，その上を公共施設として公園や遊歩道を整備する，という発想です。当時としては，下水道整備と公園整備を一挙に進められる一石二鳥のように見えた政策でしたが，その一方で貴重な水辺空間は失われていきました。

暗渠化された渋谷川（東京都渋谷区）

　このように，かつては子どもたちの格好の遊び場・成長の場であった中小河川は，その機能を失いました。さらに，水質悪化や水辺で遊ぶことの危険性が教育界や家庭において強く認識され，大人が子どもを水辺から遠ざけるようになりました。次の写真は，ある地方の水辺の様子です。鉄条網付きのフェンスが造られ，標識には「きけん　よい子は川に入らない　あそばない」と書かれています。この時代を象徴する光景です。

河川脇のフェンスと看板

一方，東京オリンピックを契機にして，大きな河川の高水敷の開放が進められ，1965 年 3 月には，衆議院特別委員会において国民の体力つくり推進のための施設を河川敷地の利用によって確保することを目的とする決議がなされました。この決議を受けて，同年 12 月には，「河川敷地占用許可準則」が制定されました。その内容は，河川敷地は，

① 公共用物として，一般公衆の自由な使用に供されるもの，
② 原則として占用は認めるべきではないものの，特例として，公園，緑地等が不足している都市内の河川敷地で，一般公衆の自由な利用を増進するため必要があると認められるものは，公園，緑地，広場，運動場の占用に限って許可する，

というものです[1)]。

この結果，地方自治体により，公園，グラウンド，ゴルフ場など各種施設の整備が進められ，多くの住民により利用され，憩いの場を提供することになりました。しかし，一方では，これらの人工物は，河川における生物の生息環境を阻害し，また人と河川のつながりを分断したことも否めません。本来都市の中で解決すべき課題を，河川を利用することによって一挙に解決しようとしたことが原因と考えられます。

人と河川の分断は，子どもにもあてはまります。大人の楽しみとしてのゴルフ場や運動場は，大人には便益を与えましたが，これらの人工物の整備は，これまで河川敷や水辺が提供していた，魚とり，昆虫採集，ワクワクする探検，自然との触れ合いなどの貴重な場所を子どもたちから奪う結果となりました。

江戸川河川敷のグラウンド整備（東京都葛飾区）

1960年代は，水質悪化のみならず，大気質の悪化や土壌汚染が同時進行し，水俣病，イタイイタイ病，四日市ぜんそくなど，深刻な公害問題を引き起こしました。これらの改善のため，1971年に環境庁（2001年から環境省）が設置されました。環境庁は，「水質汚濁に係る環境基準」を設け，河川や湖沼に関して水域類型を指定して目指すべき水質基準を定めました。それを受けて，建設省（2001年から国土交通省，以下同）や地方公共団体，民間団体，住民などが連携して水質改善に努めた結果，現在水質は大幅に改善され，人々が水辺を楽しめるようになりました。この水質改善をはじめとして，その後，環境改善に向けてさまざまな取り組みがなされることとなります。

また，河川においては，高度経済成長により，大都市域の居住地が拡大して治水が必要となったこと，増大する水資源需要に対応するためにその開発が行われたことが大きな特徴といえます。できるだけ早く洪水を下流に向かって流下させるために河道の直線化やコンクリート護岸が多用され，生物の生息場を奪うことになりました。

コンクリート護岸に覆われた川

1960年代は，戦後復興が最も盛んな時代で，わが国は経済成長を謳歌し，もはや戦後ではないといわれましたが，その一方では，以上に述べたように，高度成長がもたらすさまざまな歪みが顕著になった時代でもあります。その中では，子どもは学力を身につけ，高学歴を目指すことが重要視され，自然の中での遊びが子どもにもたらす人間力の向上や健全な心身の形成が顧みられることはありませんでした。

コラム❸

ドラマ「金八先生」に欠かせないあの場所

1979年の放送開始から30年あまりの長期にわたり人気を博したTBS系ドラマ『3年B組金八先生』。武田鉄矢さん演じる坂本金八先生の熱血ぶりに，毎週放送を楽しみにしていた人も多いと思います。このドラマで欠かせない舞台となっていたのが東京の都心を流れる荒川の河川敷でした。それでは何故，荒川河川敷はドラマの主要な舞台となったのでしょうか。ここから先は全くの個人的感想です。

第一に，都会の中で，中学生たちがあり余るエネルギーをぶつけ合うのに必要な開放的で広々とした空間は，河川敷にしかないということがいえるでしょう。

目の前の絶えることのない川の流れは，中学生たちの遥かなる未来につながっています。ふだんの生活とは切り離された特別な空間であることも大切であり，橋の下や草むらに身を隠したり，堤防を転げ落ちたり，中学生たちはめまいのする空間の中で，不安や希望が交互に湧き上がっていたのかもしれません。

このドラマは，多感な青春時代の真っただ中でさまざまな悩みを抱える中学生たちが，仲間や先生たちと体ごとぶつかり合い，問題を乗り越え，成長していく姿を描いたドラマです。筆者らは，5章で紹介するように水辺が子どもたちの創造力や課題解決力を育むことを確認しましたが，それと同じように，都会の中の河川敷空間は，若者たちの成長の場として欠かせない場所だったということができるのかもしれません。

ドラマ金八先生の舞台となった荒川河川敷（東京都足立区）

水と親しむ「親水」の誕生　1970年代～

前述のように，「水の都」東京は，明治以降の都市化や経済成長のなかで，がれき処理，道路，下水道，公園など，都市のインフラ不足を手っ取り早く解消する手段として，多くの河川や水路，運河が「不用河川」の名のもとに埋め立てられ，暗渠化されていきました。しかし，航路や用水路としては不用であっても,河川やその周辺の水辺空間は,私たちにとって決して不要な存在ではなかったはずなのです。

「親水」とは「水に親しむこと」,「水との親和性があること」を表していますが,前者の意味での「親水」が一般的に使われるようになったのはごく最近のことです。河川には,大雨の際の洪水やふだんの水を安全に流す「治水」の機能,また河川の水を飲み水や農業,工業のための用水,舟運などに利用する「利水」の機能があります。しかし,それとともに,さまざまな生き物を育む,水遊びや水辺の散策で心を癒すなど,河川が自然的,社会的に存在すること自体の役割も重要です。それらを総称して「親水」の機能と呼びますが,このことばが広く使われるようになったのは1970年代からのことでした。1971年の土木学会年次学術講演会で発表された論文「都市河川の機能について」[2)]において,河川の有する心理的満足,レクリエーション,公園,エコロジー,空間,景観,商業などの機能を,治水,利水などの「流水機能」との対比のなかで,「親水機能」と位置づけることが提案されました。親水概念の提唱です。もちろん,その機能や概念自体は元からあったものですが,社会の近代化,特に日本の場合は戦後頻発した洪水被害への対応の緊急性や,経済の高度成長に伴う水需要の急増のなかで,治水や利水以外の機能はないがしろにされ,「親水」の意識が希薄になっていたことは否めません。河川が埋め立てられ,暗渠化されていったのもその表れといえます。しかし,親水概念の広まりとともに,例えば東京都では1985年に起こった築地川埋め立て反対の住民運動などを契機として,河川の埋め立て,暗渠化の動きにようやく歯止めがかかることになりました。

その先駆的存在の一つが東京東部の江戸川区でした。区内には農業用水や舟運のための水路が多く存在していましたが,1965年ごろにはそれらの多くが「ドブ川」となっていました。その後,下水道の整備を進める一方で,区では1972年に「江戸川区内河川整備計画(親水計画)」を策定し,親水公園,親水緑道の整備に着手することになり,1974年,日本初の親水公園として古川親水公園が誕生しました。

古川親水公園（東京都江戸川区）

初期の親水公園はまだ人工的な水路のイメージが強かったのですが，次第に自然の河川らしい流れや水際環境のデザインも増えていくことになります。やがて，こうした親水公園，親水河川あるいは河川の親水的整備は全国各地に広がりを見せることになります。

コラム④ 親水公園に弾け飛ぶ子どもたちの笑顔

野々下水辺公園（千葉県流山市）は，利根川の水を引いている北千葉導水路の上部空間に，導水の一部の水を利用して小川を再現した人工の親水公園です。北千葉導水路とは，利根川の下流部と江戸川を結ぶ約 28.5km の導水路（うち約 22.2km は地下水路）で，洪水の防御，暮らしに必要な水の供給，手賀沼の水質改善などの役割を果たすため，2000 年に完成しました。

野々下水辺公園には，大きな石で囲まれたジャブジャブ池，そこから流れ出す浅い小川，ワンドや湿地といった水辺と，木陰のある芝生広場があり，休日や夏の暑い日には水遊びをする家族連れで大変にぎわいます。パパやママは木陰にレジャーシートやテントで拠点を作り，子どもたちは（時にはパパやママも一緒に）

水の中を歩きまわります。

小川に生えたヨシの周辺ではザリガニがいて，子どもたちはあちこち移動しながらザリガニとりに夢中です。ザリガニを捕まえた子はヒーローになり，捕まえたザリガニを，一緒に遊びにきた友達や，今日ここではじめて知り合った子に見せてまわります。

野々下水辺公園は，人工的に整備された親水公園なので，自然の川に比べて生き物が少ないなど野性味に欠けることは否めません。しかし，水量が人工的にコントロールされているため，比較的小さい子でも安心して遊べる利点もあります。都市化によって遊べる水辺が失われた地域では，このような親水公園も水と触れ合う貴重な空間になっているようです。

ザリガニとりに夢中！

ジャブジャブ池では泳ぐ姿も

まちづくりと一体となった河川の整備　1980 年代〜

まちづくりと一体となった河川整備の機運が全国的に広まったのは，1980 年代からです。

そのきっかけとなった事例の一つに福岡県柳川市の掘割再生が挙げられます。掘割を埋め立てて暗渠にする「都市下水路計画」が 1977 年に持ち上がったことに対して，当時，市役所の水道課計画係長をしていた広松伝氏らが異を唱えました。広松氏は計画が具体化した直後に環境課都市下水路係長に異動し，同計画を推進すべき立場にありましたが，「掘割の埋め立ては間違っている」と反対の主張を行いました。その主張が市の行政を動かします。

掘割の再生に際しては，下水道計画の撤回や住民との話し合い，さらに掘割の不法占拠の解決に加えて市民の手による掘割の再生が行われ，37 km もの掘割の浚渫を 1980 年に完了させました。

柳川掘割（福岡県柳川市）

高度経済成長期の最中，まちの豊かな自然・歴史・文化資産が全国的に失われていくなかで，当時の大勢の意見に同調せずに掘割の保全を粘り強く訴えた人物が存在したことが柳川のまちづくりに幸いしました。

そして，この柳川市の掘割保全の動きがきっかけとなって，1980 年代にはまちの中の水辺の復活，またウォーターフロントの復活に関する動きが全国的に広まります。このことは，「まちが川や水路に背を向けていた時代から，川や水路の魅力をまちづくりに生かしていく時代への転換」を意味しています。

このような潤いのある水辺空間を再評価すべきとの機運の高まりのなかで，国の行政もさまざまな施策を打ち出しました。

一つは（財）河川環境管理財団（現（公財）河川財団）に 1988 年に設立された「河川整備基金」です。国土保全や水資源開発のみならず，まちの中の良好な水辺環境の形成に資する調査研究や環境整備事業，また普及啓発活動を行う市民団体などに助成金を交付することとしました。

また1987年には，水辺を生かしたまちづくりの制度的な課題や技術的な課題に先進的に取り組んでいくために，「(財) リバーフロント整備センター（現(公財) リバーフロント研究所)」が設立されました。

同じく，1987年には「ふるさとの川モデル事業」が始まっています。同事業はその後「せせらぎふれあいモデル事業」，「都市清流復活モデル事業」などのほかのモデル事業を統合して，1996年には「ふるさとの川整備事業」として再スタートしています。また1987年には,「桜づつみモデル事業」も始まっています。

茂漁川（北海道恵庭市）（ふるさとの川モデル事業）

翌1988年には，河川事業と市街地の整備事業（土地区画整理事業，市街地再開発事業等の面的都市整備事業及び関連する道路や公園の整備事業）を同時期に一体的に実施し，良好な水辺空間の創出と安全で潤いのあるまちづくりを推進していくために，「マイタウン・マイリバー整備事業」制度が創設されました。また，同事業を推進していくために，建設省は河川局，都市局，道路局，住宅局といったいわゆる縦割り行政を横串しにした推進協議会を組織し，事業の円滑な遂行を図ることとしました。

このような国の動きは，実際に川づくりやまちづくりの事業を担う全国の都道府県や市町村に大きな影響を与えました。多くの自治体はより良い事業計画を企画立案するために，役所内部の関係課がより緊密に連携し，協力するようになりました。また地元の有識者や教育関係者，さらには環境保護団体や市民団体との連携も加速しました。

ただ一方で，河川の護岸を階段状に改修して子どもが水辺に近づけるようにした結果，足を踏み外して川に転落してしまって死亡し，それが訴訟問題に発展するようなことも起こるようになりました。「人命」と「親水」とを技術的に，また社会的にどのように両立させていくか，「模索の時代」であったともいえます。

なお，東京や大阪，札幌などの大都市では，急激に進展する都市化の波に河川改修が追い付かず，地上に降った雨がアスファルトやコンクリートで覆われた都市の水路や道路を急速に流下して引き起こす都市型水害が頻発するようになります。このため 1980 年代には鶴見川をはじめとする全国の主要な都市河川で，河川改修に併行して流域の保水機能や遊水機能を保持するために，宅地開発などにおいて雨水を一時的に貯留・浸透させる「総合治水対策」が本格的に始動します。このために神奈川県などの多くの自治体では 1970 年代に制定した宅地開発指導要綱を改定し，開発事業者に雨水の貯留浸透施設の設置を義務づけました。このことも，まちづくりと一体となった河川の整備の一面といえるのではないかと思います。

従来，河川整備とまちづくりはそれぞれ縦割りで事業を実施していたことから，「できるところにとりあえず施設を整備した」といった状況になりがちであっ

上西郷川の開発調整地（福岡県福津市）［雨水貯留施設の事例］

たことは否めません。しかし,「ふるさとの川整備事業」をはじめとして，1980年代以降，まちづくりと一体的に整備し，地域の河川利用を促進するための多種多様な事業が展開されるようになりました。また，河川整備に沿川の人たちが直接意見や要望を出して，行政と市民が一緒に考えながら進めていく事例が各地で生まれ,川づくりに市民の声が反映されていくようになりました。これらの中には，子どもたちが主体となった取り組みも見られました。しかし，初期の取り組みは，河川とまちのそれぞれの管理者が一緒に構想はつくったものの，事業の実施は相変わらず縦割りのままであり，内容も施設整備が中心でした。

こうしたことから，2009年度にはこれらの事業制度を発展的に統合し，「かわまちづくり」支援制度が創設されました。これにより，従来は拠点や個別区間での水辺の利活用推進のための施設中心の整備から，より広域のまち全体を視野にいれた地域活性化に資する河川空間利用の支援が行われるようになりました。「かわまちづくり」とは，「河川空間とまち空間が融合した良好な空間形成を目指す取り組み」との意味が込められています。

さらに，2013年度には「まちにある川や水辺空間の賢い利用」,「民間企業等の民間活力の積極的な参画」,「市民や企業を巻き込んだソーシャルデザイン」をコンセプトとして，国土交通省の中に「水辺とまちの未来創造プロジェクト」

WATERS　竹芝（東京都港区）
[水辺空間とまち空間が融合した事例]

が立ち上げられ，「ミズベリングプロジェクト」が始まりました。ミズベリングとは「水辺＋RING（輪）」，「水辺＋R（リノベーション）＋ING（進行形）」の造語であり，水辺に興味を持つ市民や企業，そして行政が三位一体となって，水辺とまちが一体となった美しい景観と，新しいにぎわいを生み出すムーブメントを起こしていくことを目指しています。このように，近年は，行政や沿川住民に加え，民間企業や一般市民なども積極的に参画することで，より活力に満ち，柔軟で実効性の高い事業展開が実現するようになってきました。

コラム❺

和泉川子どもの遊び環境ワークショップ

和泉川（横浜市瀬谷区）に 1996 年に整備された「東山の水辺」[1] は，2005 年の土木学会デザイン賞の最優秀賞に輝きました。

整備計画を検討するにあたっては，子どもたちが川を含むまち全体を生活空間とした「まちの利用者」であり，大人では気づかない目を持っていて，子どもの多様な遊び環境そのものが本来まちが備えるべき環境であると考えられました。そして「和泉川子どもの遊び環境ワークショップ」を開催し，流域にある 11 の小学校の 4 年生 400 人によって，ふだんどこでどんな遊びをしているのかを「遊び場マップ」にまとめました。

和泉川で遊ぶ子どもたち

子どもたちに「どんな川で遊んでみたいか」について絵や文を描かせたところ，望ましい川の姿として①きれいな水，②自然の素材，③川の周辺は緑と広場，④川は曲がっている，⑤川に近づきたい，⑥危険なところが面白い，などが挙げられ，これらの結果が整備に反映されています。

こうして「東山の水辺」をはじめとしたいくつかの水辺拠点が整備されました。水辺の拠点整備は川だけでなく周りのまちとの関係が大切です。「東山の水辺」に行くとたくさんの子どもたちの遊ぶ姿がみられます。和泉川の川づくりは子どもたちの願いが込められています。

《参考文献》

1）吉村伸一 (1997.10)「河川の景観デザイン」造形 No.11，建築資料研究社

川本来の姿を重視した川づくり　1990 年代～

河川はもともと自然界の水の循環や土砂の移動の作用で，自然の力によって形成されてきたものです。しかし，人間の歴史のなかで，河川の洪水を防ぎ，河川の水を利用するため，古くから人間は河川にさまざまな形で手を加えてきました。すなわち，川幅を広げたり，新たな河川を開削したり，河川を直線化したり，堤防を築いたり，その堤防を守るため護岸を設置したり，ダムや堰などの構造物を設けたりすることなどにより，河川は人工化されていきました。いまや人の手の加わっていない自然のままの河川は，山奥の渓流でしか見ることはできないといってもよいでしょう。

河川には水中や水際の多様な環境を利用して，魚類をはじめ，多くの動植物が生息，生育，繁殖しています。しかし，河川の人工化が進むにつれ，河川の地形は単調で変化のないものとなり，水量の減少や水質の悪化と相まって，生物が生きていくために必要な環境条件が失われていきました。その結果，生物の数は減り，なかには絶滅に至る種もありました。こうしたことの反省から，ヨーロッパなどでは生物の生息，生育，繁殖環境に配慮した河川の改修を行う「近自然河川工法」が行われるようになりました。日本でもこれに倣い，1990 年代以降，河川が本来有する自然環境の保全，再生に向けた取り組みが加速し

ます。建設省では，「多自然型川づくりモデル事業」(1990)，「河川水辺の国勢調査」(同)，「魚がのぼりやすい川づくり推進モデル事業」(1991)，「清流ルネサンス 21」(1993)，「自然再生事業」(2002) などの施策を次々と展開していきます。また，こうした流れのなかで，1997 年には河川の管理に関する基本的な考え方を示した法律「河川法」(1964 年制定) の大きな改正が行われ，その目的に，従来の災害の防止や適正な利用に加え，「河川環境の整備と保全」が明記されました。

黒目川の多自然川づくり (埼玉県朝霞市)

しかし，実際の事業の現場では，「人の命と動植物とどちらが大切か」という議論が行われ，当初は，従来と同様の治水工事を進めるなかで，環境に配慮できるところはできるだけ配慮するというのが現実でした。その後，治水か環境かの二者択一ではなく，治水も環境も両立させることが必要であり，河川本来の自然環境を保全，再生することはすべての川づくりの基本であるとの認識から，新たに「多自然川づくり基本指針」(2006) が出されることになりました。この基本指針の中で，多自然川づくりとは「河川全体の自然の営みを視野に入れ，地域の暮らしや歴史・文化との調和にも配慮し，河川が本来有している生物の生息・生育・繁殖環境及び多様な河川景観を保全・創出するために，河川管理を行うこと」と定義されています。

ところで，河川で遊ぶ生物といえば，人間の子どもも忘れてはいけません。水辺で遊ぶ子どもたちを「川ガキ」と呼ぶこともありますが，「川ガキ」もまた，絶滅が危惧されています。考えてみれば，子どもたちが喜んで遊ぶ水辺は，まさに河川本来の多様な流れや変化に富んだ水際の地形があり，水がきれいで，魚をはじめとする多くの動植物がいるところです。そういう意味では「多自然川づくり」とは，子どもたちのための川づくりのあり方だということもできるのです。

子どもたちが遊ぶ川づくり

1980 年代，90 年代のまちづくりと一体になった河川整備や自然環境への配慮により，1960 年代に起きた河川に背を向けたまちづくりや子どもを川から遠ざける施策が見直され，子どもたちが親しめる川づくりが進められるようになってきました。それらの取り組みをまとめると，以下のとおりです。

建設省が提唱した「水辺の楽校プロジェクト」（1996）では，河川が子どもたちの身近な自然体験の場として位置づけられており，現在も行政・各種団体などが連携して推進しています。建設省河川審議会において，河川は環境教育の場として優れた空間であるとの認識が示され，その報告「川に学ぶ社会を目指して」（1998）では，その実現のために四つの基本方針「魅力ある川づくり」，「正しく広範な知識・情報の提供」，「川に学ぶ機会の提供」，「主体的・継続的な活動」を挙げています。「子どもの水辺再発見プロジェクト」（1999）は，2002 年度の学校完全週 5 日制の実施に向けて，教育委員会・河川管理者・環境部局が連絡会を設け，地域において「子どもの水辺協議会」の設置を促し，協議会の活動として「子どもの水辺」の選定・利用を提唱しています。ここで，「子どもの水辺」とは，「子どもたちの遊び，学び，体験活動の場としての利用に適した水辺である」，「安全教育の実施や川の構造上等から，子どもたちが安全に遊べる体制になっている」，「子どもたちの水辺での活動をサポートする団体等が存在し，利用促進の体制が整えられている」ことが要件として挙げられています。

これらのプロジェクトを受けて，民間でもさまざまな活動が開始されました。NPO 法人「川に学ぶ体験活動協議会」（2000）が組織され，指導者の派遣，機材の提供，保険などのサービスが提供されています。公益財団法人である「河川財団」には，「子どもの水辺サポートセンター」（2002）が設置され，教員向けの教育教材提供，水辺で安全に活動するための手引き，水難事故データの提供などの活動を行っています。「川での福祉・医療と教育研究会」（1998）は，遊びや学びなどあらゆる教材が揃っている河川について，子どものみならず，高齢者，障がい者などを含む市民・専門家・行政が連携して，河川との関係を取り戻そうとする取り組みを行い，成果として「川で実践する福祉・医療・教育」（2004）を出版しています。

一方で，自然志向・アウトドア志向の高まりとともに，河川における水難事故が多く発生するようになり，建設省内に設置された研究会において，提言「恐さを知って川と親しむために」（2000）が出されました。この中では，河川管理者の施策実施において基本的な四つの方向性として「情報提供」，「啓発」，「連携」，「緊急時の備え」が提示されています。この提言に基づいて，行政をはじめ関係諸機関は，安全な河川利用の啓発に努めてきましたが，それでも急な増水による水難事故が多発したことから，国土交通省内に「河川利用者の安全に関わる検討会」を設け，「急な増水による河川水難事故防止アクションプラン」（2007）を取りまとめました。その中では，急な増水に関連する情報の提供や河川の安全利用について啓発活動に取り組むこととしています。

水辺の楽校でのカヌー体験

参考① 水辺の楽校（がっこう）って何？

国土交通省，文部科学省，環境省が連携して取り組む「『子どもの水辺』再発見プロジェクト」では，地域の水辺における環境学習や自然体験活動を推進しています。

登録された「子どもの水辺」において，子どもたちが安全に水辺に近づき，遊ぶための整備などが必要な場合には，「水辺の楽校」プロジェクトとしてハード面の整備や運営を行います。

東京と神奈川の境を流れる多摩川は，首都圏の市街地に隣接しながら，良好な自然環境が保たれており，子どもたちにとっても貴重な自然体験の場となっています。

多摩川水系では，本川，支川を含め，2022年3月現在14か所もの「水辺の楽校」が開校[1]しており，それぞれの地先の環境に応じた活動が行われています。

例えば，多摩川の河口にほど近い「だいし水辺の楽校」（川崎市川崎区）では，河口の自然を舞台に，干潟の生き物観察会やハゼ釣りなどの活動を行っています。一方，「とどろき水辺の楽校」（川崎市中原区）や「福生水辺の楽校」（東京都福生市）など中流～上流の箇所では，河原の生き物観察会やタモ網で水辺の生き物を捕まえるガサガサなどの活動を行っています。

これらの活動は主にNPOやボランティアの方々によって支えられています。しかしながら，近年は担い手の減少や高齢化が進んでいるところも多く，継続性の確保が課題となっています。

「だいし水辺の楽校」で活動する子どもたち

《参考文献》

1）国土交通省「水辺の楽校（みずべのがっこう）プロジェクト～子ども達の身近な体験の場～」
https：//www.mlit.go.jp/river/kankyo/main/kankyou/gakkou/index.html

参考②　水遊びのサポーター

◆子どもの水辺サポートセンター

文部科学省，国土交通省，環境省が 1999 年度から連携して開始した「『子どもの水辺』再発見プロジェクト」を支えるための組織として，2002 年 7 月に（財）河川環境管理財団（現（公財）河川財団）に「子どもの水辺サポートセンター」が設置されました。「子どもの水辺サポートセンター」は，「子どもの水辺」の登録事務を行うほか，活動事例の情報提供や取り組みへのサポート，学校の先生や地域の市民団体への活動支援を行っています。

【連絡先等】公益財団法人　河川財団　子どもの水辺サポートセンター
〒 103-0001　東京都中央区日本橋小伝馬町 11-9
住友生命日本橋小伝馬町ビル 2F
TEL：03-5847-8307　FAX：03-5847-8314
HP：https：//www.kasen.or.jp/mizube/tabid107.html

◆ NPO 法人　川に学ぶ体験活動協議会（River Activities Council：通称 RAC）

河川や水辺での継続的な体験活動とそれを支える「川の指導者」を育成するほか，さまざまな分野や地域を越えた交流や支援を行うための組織として，2000 年 9 月に「川に学ぶ体験活動協議会（RAC)」が設立されました。RAC では，指導者を養成するほか「RAC 指導者」としての登録や派遣，資機材のレンタルや販売，活動保険などの支援を行っています。

【連絡先等】NPO 法人　川に学ぶ体験活動協議会
〒 114-0014　東京都北区田端 1-11-1　勘五郎ビル 104
TEL：03-5832-9841
HP：http：//www.rac.gr.jp/index.html

2-2 川と子どものつなぎ目に存在する悩み

子どもの親水活動を促進するための取り組みがさまざまに進められてきましたが，一部の先進的な事例を除くと，相変わらず子どもたちが近づけない川，子どもたちの姿が見られない川が多いのが実態です。そこで川と子どものつなぎ目に存在する「川」の物理的な障壁，そして「禁止事項」といった心理的障壁に着目しながら，この問題を考えていきます。

「遊びたい！」とは思えない川

親水空間が全国で整備されてきているとはいえ，各地域に遊ぶことのできる川があるとは限りません。「2-1　川づくりのあゆみ」で述べてきたとおり，人工的な護岸で囲まれた川に整備され，子どもが「遊ぼう！」とは思いにくいような環境が構築されてきました（**図 1**）。また，下の写真のように，一見，親水空間として想定しているようにつくられている空間も，フェンスに囲まれ，入り口が閉鎖されていることから気軽に入って遊ぶことができないようになっています。このように，子どもたちの身近な川の多くは，遊び場としてワクワクするような空間とはなっていないのが実態ではないでしょうか。

図 1　河川護岸の変化
（イラスト：寺田光成，エルミロヴァマリア）

親水空間なの？
（提供：寺田光成，エルミロヴァマリア）

川遊びと「禁止事項」の世代史
～注意から禁止，予防・根絶へ～

◎禁止事項としての「川遊び」

川が遊び場としての魅力を失ったことに加え，子どもの自由な遊びを妨げる要因として考えられるのが「禁止事項」です。2019年，東京都の小学生1,600人に尋ねた調査[3)]では，「川での遊び」が禁止されていると答えた子どもは，約7～8割にのぼりました。また2016年に親水空間のある福島県の農村部の子ども世代とその親・祖父母世代の合計430人の子ども時代の調査[4)]で「禁止事項の有無」を尋ねたところ，三世代を通じて約半数が「ある」と答え，最も禁止されている項目として「川遊び」が挙げられました。「川遊び」は楽しい一方で，三世代を通じて危険を伴う遊びとして認識されています。

禁止看板（提供：寺田光成，エルミロヴァマリア）

「禁止事項」は，子どもの発達を考慮し，安全を確保する観点から重要です。しかし，その場所になぜ「禁止事項」があるのか，そしてどのように機能しているのかを考えることで，見えてくるものがあります。先程の福島県で行った子ども・親・祖父母の三世代へ行ったインタビュー調査の結果，群馬県みなかみ町での同様のインタビュー調査（対象40人）[5)]の結果をもとに考えていきます。

◎「禁止事項」が注意喚起だったころ：祖父母世代〜親世代

現在の祖父母世代が子どものころは，川遊びは最も人気の遊びでした。遊び集団も大人数・異年齢であり，夏には近くの川に上級生から下級生まで毎日のように行っていたようです。学校や地域にプールがなかったこともあり，泳ぐ練習は自然の川で行い，遊びの中で川の危ない場所が上級生から下級生へ伝達されていました。また潜って魚を突いたり，岩の間に手を入れて魚を捕まえて，家に持ち帰って食べたりなど，遊びはより生活に身近なものでした。このように，子どもが川で遊ぶことは「当たり前」であり，大人たちも子どもの遊び集団を信頼していたことから「禁止事項」というよりも「注意喚起」として伝えていたようです。

◎「禁止事項」は予防的なもの・関係のないものへ：親世代〜子ども世代

時代の変化とともに，「当たり前」だった遊びは徐々に「珍しい」遊びへと変化していきます。「2-1　川づくりのあゆみ」で示したとおり，現在の親世代が子どものころから，川は護岸工事などによって遊び場としての魅力を失い，次第に室内環境が充実するなど遊び場が変容してきました。また少子化や子どもたちの習い事の時間が増えるなどで，子どもの遊び集団も少人数・同年齢集団となっていきます。そのようななかで，子どもたちが川で遊ぶ風景も徐々に消失しています。

現在では「禁止事項」は「予防」として，子どもたちの川遊びそのものを禁止するように機能し，「禁止されているから遊べない。遊んだことはない」という子どもや，「そもそもそういう遊びはしない」という，川遊びの発想や関心がない子どもが増えています。現代の子ども世代について，親世代や祖父母世代に聞いてみると，二言目には「川での遊びは禁止と書いてあるから仕方がない」，「学校が禁止しているから」といいつつも，「そもそもゲームばかりで，そういうところで遊ばない」，「今の子どもでは川遊びができるか疑問」といった自身の子ども時代と比較して子どもの関心や遊ぶ能力を懐疑的にとらえる声が聞こえてきます。また，親世代の中にも「そもそもこの川で遊べるのですか？」と，遊び場として川を認識してこなかった人もいます。このようななかで，子どもたちの川遊びは禁止事項としてとらえられるようになってきたものと思われます。

人と人のつなぎ目から川とのつなぎ目を再構築する

◎現代に求められる子どもと川のつなぎ目

川の遊び場としての魅力が失われていることに加え，子どもの遊び集団が大人数・異年齢から，少人数・同年齢になるなかで，「禁止事項」の位置づけが変わってきていることを指摘しました。その中で，子どもの遊び集団を中心とした子どもと川とのつなぎ目が弱体化しはじめ，現在では，つなぎ目がなくなりつつあります。また，「1-2　影を潜めた外遊び，このままでいいの？」で示したように子どもの遊びが「どこでも生える雑草」から「畑で育てる野菜」のようになってきていることを踏まえると，子どもと川との豊かな関係性を育むには，大人の働きかけが必要です。かつてのような子どもの遊び集団を中心とした子どもと川とのつなぎ目の復権だけではなく，川を「豊かな畑」として育てていく多様な立場の大人のつながり（つなぎ目）が求められています。

◎「禁止事項」から見えてくるもの

川遊びをする子どもの変化，禁止事項に関して述べてきましたが，そもそも子どもの外遊びや，川遊びに関する話題を取り上げ，具体的に議論をしている地域がどこまであるのでしょうか。議論がないなかでは，大人同士のつながりができるはずがありません。その実態が端的に現れるのが先程取り上げた「禁止事項」です。

禁止しているのは誰？（イラスト：寺田光成，エルミロヴァマリア）

先程紹介したように,家庭からは「学校が禁止しているから」という話がよく出てきます。しかし実際に学校に聞いてみると,「夏休みの前に注意を呼びかけることはあるが,学校が禁止できるわけではないし,家庭の判断にまかせている。」との声も聞こえてきました。行政側は,安全を考慮して看板を付けたつもりが,市民から「行政は禁止ばかりしている。」などという声につながるなど,上手く意思疎通が図られていないところもあるように思います。

また,禁止事項は看板に掲示されているものだけではなく,人々のコミュニケーションのなかで,言い伝えられているものがあります。伝言ゲームのようなもので,誰が,いつ言ったのかわからないもの,また伝言ゲームの中で内容が変わり,迷信となっている場合もあります。

このように禁止事項が共有されていることにより,せっかく親水空間が整備されているのに,家庭・学校・地域・行政の意思疎通が図られず,結果としてそれらが活用されないような状況になっていることもあります。

◎異なる立場の大人がつながることによる「つなぎ目」の再構築

立場の異なる大人同士が関係性を持たない状況においては,改めて地域ごとに誤解のないよう,しっかりと話し合っていくことが重要です。それぞれ地域によって事情は異なり,絶対的な「正解」(決まった解)はないことから,地域の異なる立場の大人同士が意見を出し合いながら,「成解」(みんなでつくりあげていく解)を導き出すプロセスが必要不可欠です。例えばp.41で示した「子

協議することで見えてくる水辺とのつなぎ目 (イラスト:寺田光成,エルミロヴァマリア)

どもの水辺協議会」のように，河川管理者，教育委員会，NPOや市民団体などがともに議論をしながら，「禁止事項は実際には誰がどのような経緯で作成したのか」，「それを踏まえて川をどのように活用し，子どもと川をどのようにつないでいくのか」について，方策を見出していくことが求められています。

具体的には，机上で検討することはもちろん，当事者となる子どもたちをはじめ，かつての子どもたち（大人）も実際に川に入り，大人と子どもが一緒になって遊び心を持って検討しながら，それぞれの立場でできること，役割分担をしながら，子どもが川遊びできるための仕組みやルールを作り出していくことが必要となります。この大人同士のつなぎ目ができることで，子どもと川とのつなぎ目の再構築も期待できると思います。

コラム⑥ 近木川（こぎがわ）子どもの遊び環境マスタープラン

大阪府貝塚市の近木川は，標高 858 m の和泉葛城山の源流から河口まで全長約 18km の二級河川です。ぶなの原生林のある源流付近は清らかな渓流ですが，中流域になると住宅地開発で河川は汚れ，過去，環境省の水質に関する調査で二度ワーストワンになりました(1993 年度と 1997 年度)。川はフェンスで囲われ，立ち入り禁止です。

周辺の小学校に働きかけ子どもたちと清掃し，近木川探検隊として川を探索し，調べたことを発表し，川へのゴミ捨て禁止を訴えたり，川ガキの演劇表現など，子どもたちが参画して大人を巻き込み，これまで近寄ることもなかった川と人との関わりを再構築した活動が 2000 年の第 3 回「川の日」ワークショップでグランプリを受賞しました。

その審査評が「日本一のアホの行政マン」でした。それは当時，都市計画課長であった橋本夏次氏のことです。橋下夏次氏はそれこそ「川ガキ」を親父にしたような風貌。自前でボートまで作る物づくりはかなりの腕前です。子どもたちに愛され，また周りにいろいろな協力者が生まれ，笑いと共感の輪が広がります。あるとき，川掃除ワークショップと，川の土手のフェンスをよじ登り，川に降りて作業開始。と思いきや，投網を用意して，使い方を伝授。子どもにはなかなか上手くできないが，先生がいたたまれずやりだして投網にハマり集中。その間，先生の目を盗んで，子どもたちは川に入り，遊び出したのです。今まで入ったことのなかった川で，多少，匂いはするものの，魚をはじめいろいろな生き物がいる生きた水辺の環境に子どもたちはまさにセンス・オブ・ワンダーの歓声をあげた

近木川探検隊の活動（提供：木下　勇）

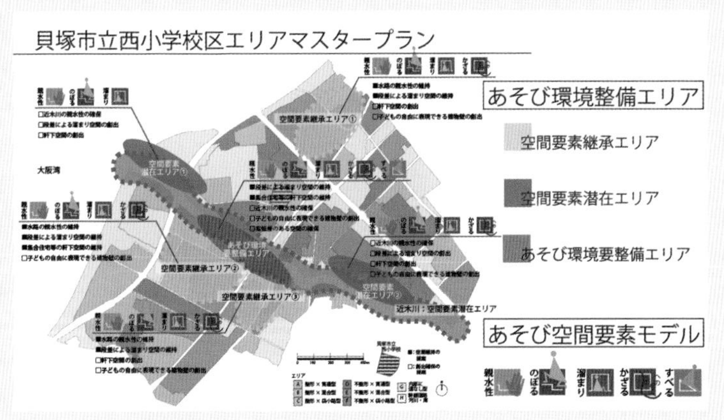

貝塚市西小学校区遊び環境エリアマスタープラン（© 上野りさ）

のでした。

以降，市民と一緒に近木川フォーラムを毎年開催し，子どもの発表から大人も近木川のことを考えるようになりました。そのかいあってか，近木川はワーストワンの汚名を返上できました。

「日本一のアホの行政マン」橋本氏は 2002 年に退職後も継続して活動を続けて，2009 年には日本水大賞特別賞を受賞しました。ここ最近は橋本氏が直接関わることはなくなってきましたが，探検隊や演劇で近木川の体験と浄化をアピールしていた西小学校区では，2018 年度から大阪大学との連携で子どもまちづくりクラブが組織され，子どもの遊び環境のエリアマスタープランが作成されました。近木川探検隊の経験者ではない今の子どもたちが描いた遊び環境エリアマスタープラン[1)]には近木川を遊び場にという提案が多く出ていました。

《参考文献》

1）上野りさ他（2021）「小学校における「まちづくりクラブ」の活動を通した子どもの屋外あそびの実態分析と学校区エリアマスタープランの提案」日本建築学会学術講演梗概集，pp.563-564

《参考文献》

1）国土交通省近畿地方整備局淀川河川事務所（2011.8.5）「河川保全利用委員会について」平成 23 年度 第 1 回 淀川河川公園下流地域協議会 参考資料 2
2）山本弥四郎・石井弓夫（1971）「都市河川の機能について」土木学会年次学術講演会 講演概要集 第 2 部
3）NPO 法人そとぼーよ（2020）「東京都品川区 児童の放課後の遊び調査 調査報告書」
4）寺田光成・エルミロヴァ マリア・木下　勇（2020）「三世代変遷からみた人口減少下における農村の子どもの屋外遊び実態に関する研究」日本建築学会 計画系論文集，第 85 巻，第 768 号，pp.307-316
5）みなかみ町観光商工課（2019）「平成 30 年地方創生推進交付金事業たくみの里プレーパーク整備計画策定業務 業務報告書」
https：//www.town.minakami.gunma.jp/politics/04machikeikaku/sangyo_ren-kei/files/takuminosato_pure-pa-kuseibikeikaku.pdf

3 子どもの遊びと学び
～人間発達における遊びの意味と意義～

子どもの発達にとって，
遊びは極めて大事な要素です。
子どもが遊びを通して学ぶことの大切さについて，
考えてみました。

3-1　子どもの学力と家庭の経済事情の関連

文部科学省幼児教育課は，2010年の7月に，「幼稚園卒の子どもは保育園卒の子どもよりも成績（中学3年生時点）が高い。この調査は幼児期の教育の大切さを検証した初めての調査だ」とマスコミに発表しました。これは本当でしょうか？そもそも，幼稚園と保育園の「保育」（教育と養育の両方を指す用語）の質の違いが中学3年生の学力にまで影響するのでしょうか？

教育社会学者やマスコミは，「学力格差は経済格差を反映している」ので，「保育園に通園している家庭の所得が幼稚園通園家庭よりも低いためではないか」とコメントしました。筆者は，このコメントに疑問をもちました。経済格差と連動した要因（媒介要因）があるのではないか？経済格差は子どもの発達や親子のコミュニケーションにどんな影響を及ぼすのであろうか？これらの疑問を解くため，国際比較のための縦断調査を行いました[1)]。

筆者らは経済の発展段階が違うアジア諸国のうち，儒教や仏教を背景に持つ日本（東京）・韓国（ソウル）・中国（上海）・ベトナム（ハノイ）・モンゴル（ウランバートル）において，各国の3，4，5歳児各1,000名，合計3,000名を対象に個人面接調査を実施しました。

東京の調査結果を**図1**に示します。平仮名が読めるか，文字を書く準備がどれほどできているかを調べるための模写力（視写テスト）は家庭の所得とは関連はありませんでした。しかし，絵画語彙検査で測定した語彙力（知的能力）は5歳の段階で家庭の所得と関連しており，高所得層の子どもの語彙得点は低所得層の子どもより有意に高くなりました。

高所得層では，子どもに習い事をさせているのかもしれないと考え，通塾経験と語彙得点の関連を調べてみました。その結果，習い事をしていない子どもよりも，習い事をしている子どもの成績が高かったのです（**図2**）。芸術・運動系か学習系かに関わらず，習い事をすることによって，家庭や幼稚園・保育園で出会う大人や仲間たちとは違う大人や子どもたちに出会い会話する機会が増えます。これによってコミュニケーションが多様になり語彙が豊かになったと思われます。

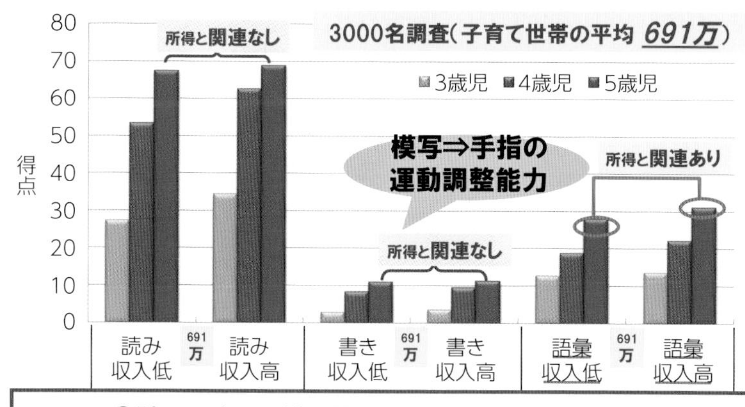

①読みと書き＝模写能力においては5歳になると家庭の収入による差はなくなる。
②語彙能力に収入による差が顕在化する（高>低）。

図１　リテラシーの習得に経済格差は影響するか？[1)]

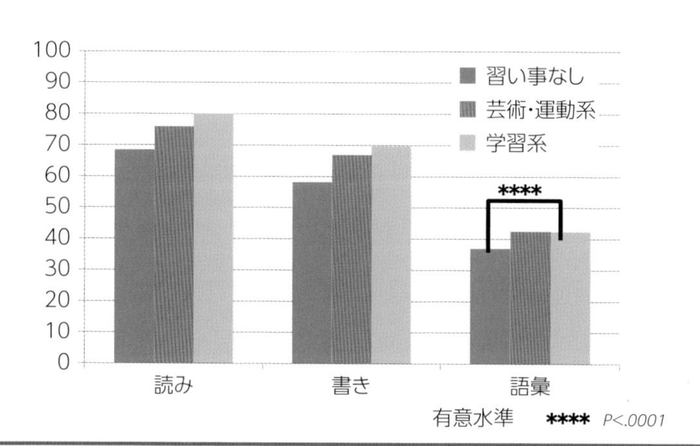

語彙得点；習い事なし<習い事あり
芸術・運動系（ピアノ・スイミング）≒学習系（受験塾・英語塾）！

図２　習い事の種類と読み・書き・語彙との関連[1)]

杉原らは全国の3，4，5歳児9,000名の運動能力調査を実施しました[2)]。習い事として体操教室やバレエ，ダンス教室に通っている子や，体操の時間を設けている幼稚園や保育所に通園している子どもの運動能力が統計的に有意に低く，運動嫌いの子どもが増えてしまうのです。

体操教室やバレエ教室に行く子どもの運動能力が低いのはなぜでしょうか？原因を探ったところ，体操教室では，まず第１に，特定の部位を動かす同じ運動をトレーニングのようにくり返させているので子どもは飽きてしまいます。第２に，説明を聞く時間が多く実際にからだを動かす時間が少なくなってしまうのです。第３に，競争意識が芽生える５歳後半ごろになると自分が他人よりうまくできないと体操教室には行きたがらなくなり運動嫌いになるという悪循環が起こっていました。この調査から強制的な訓練では運動好きの子どもは育たないことが明らかになったのです。

筆者らのリテラシー調査でも同じ結果でした。「一斉保育」（小学校教育のスタートカリキュラムで読み書きや計算，英会話などを時間割に従って指導している）の幼稚園や保育園の通園児に比べて，「子ども中心の保育（child-centered-education）」（子どもの主体性を大事にして自発的な自由遊びの時間が多い）の幼稚園や保育園に通園する子どもの語彙得点は高かったのです。しかも加齢に伴い語彙得点の差は拡大していきます（**図 3**）。

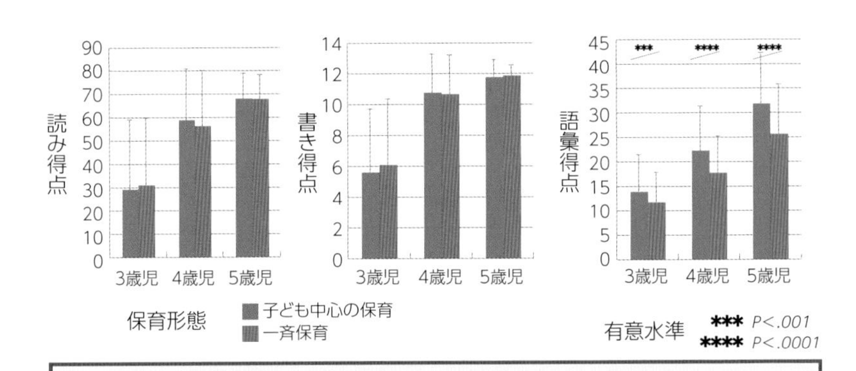

語彙得点：子ども中心の保育>一斉保育
子ども中心の保育・自由遊びの時間が長い幼稚園や保育園の子どもの語彙得点が高い。加齢に伴い語彙力の差が拡大する。

図３　語彙力；保育形態（自由保育 > 一斉保育）の差
⇒ 園種（幼稚園か保育園か）により語彙力の差はない！[1)]

幼児調査に参加した子どもを追跡して小学1年生の3学期にPISA型学力テスト（OECD（国際経済協力機構）が3年ごとに実施している国際学習到達度調査）を受けてもらいました。その結果，子ども中心の保育（いわゆる自由保育）の幼稚園や保育園卒の子どもは学力テストの成績が有意に高いという因果関係が検出されました。幼児期によく遊んだ子どもは語彙も豊かで，小学校段階で考える力や記述力を査定するPISA型学力テストの成績がよいのです。

以上の結果は文部科学省の「保育園卒の子どもより幼稚園卒の子どものほうが学力テストの成績が高い」という発表とは正反対の結果です。なぜ文部科学省はこのような発表をしたのでしょうか？2010年は「認定子ども園」の所轄官庁をめぐる綱引きが始まった年です。文部科学省が管轄省庁になりたいがための「戦略的な」発言だったのかもしれません。

3-2 遊びを通しての学び

子ども中心の保育では子どもの自発的遊びを大切にしています。好きな遊びに熱中しているときには考える力や工夫する力が育まれます。仲間と遊べば，仲間の工夫を自分でも試してみることができます。自然と互恵的な学びが行われているのです。このことから，乳幼児にとって，遊びは，子どものこころとからだ，そしてあたまを成長させるのに不可欠な営みであると考えられます。

乳幼児期の遊びは，生活そのものであり，遊ぶことは生活のすべてといってもよいのです。遊びの主人公は子どもです。大人（親や保育者）は活動が生まれ展開しやすいように意図を持って環境を構成します。活動を豊かにすることは，いろいろなことをできるようにすることと同じではありません。重要なのは，活動の過程で乳幼児自身がどれだけ遊び，充実感や満足感を得ているかであり，活動の結果どれだけのことができるようになったか，何ができたかだけをとらえてはならないのです。なぜなら，活動の過程が子どもの意欲や態度を育み，生きる力の基礎を培っているからです[3),4)]。

OECDのPISA型学力テストは読解力とサイエンス，数学で，いずれも考える力や覚えた知識を応用する力と記述力を測定しています。PISAが測定する

「読解力」の中核は「非認知能力（スキル）」です（**図4**）。非認知能力は，子どもがより年少の時点，特に，幼児期から児童期の生活や遊びの中で育まれます[5)]。

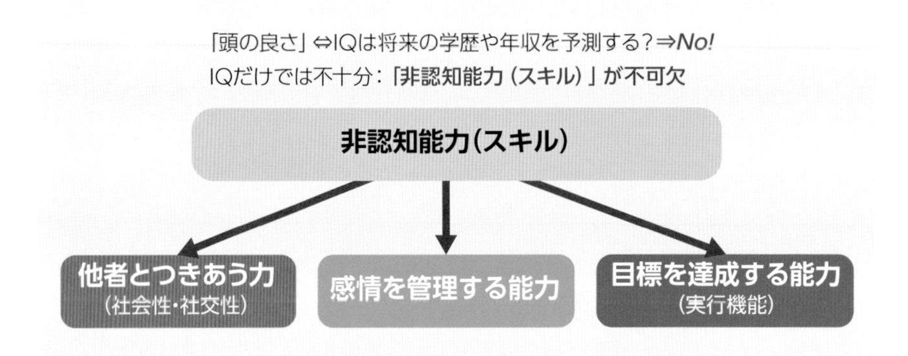

図４　PISAの「読解力」の中核は非認知能力（スキル）（提供：内田伸子）

5章に述べる現地での調査が明らかにしたように，遊びに熱中する過程で，子どもは自ら考え，工夫し，状況の変化に即応的に柔軟に判断を変えます。この過程で，非認知能力である「身体性」，「社会性」，「感性」，「創造力」，「挑戦力」が開発され磨かれていくのです。

叱られながらやった勉強は身につきません。しかし「楽しいな」，「面白いな」と感じながら課題に取り組んでいるときには，頭が活性化され課題をどんどん解決することができます。自発的な活動としての遊びを通して子どもは「楽習」しています。楽しく活動しているときには「好きこそものの上手」という状態になり，子どもの考える力や課題を解決する力が湧いてきます。子どもにとっての遊びとは，こころ・あたま・からだが活発に働いている状態を指しています。漢字学者の白川静氏は，「遊」の語源について「遊ぶとは絶対の自由と創造の世界のこと」と定義しています。子どもは自由にすることが許される空間で，自ら考え，工夫し，遊び込む力を磨いていくのです[5)]。

3-3 子どもの発達における探究・発見・創造のすすめ

筆者らはニュージーランドで幼児教育調査を行いました[6), 7)]。パーマストンノース市郊外の保育園内ではさまざまな遊びが展開されています。5歳男児は一人で黙々と池をつくり，池の周りに遊歩道や橋を架けていました。34分間も「遊歩道建設」に熱中していました（**図5** ① ⇒ ② ⇒ ③）。建設工事が完成したあと，この子は笑顔を浮かべ，上手にバランスをとって遊歩道を歩いていました。全身に満足感や達成感がみなぎっていました。

①5B;38分ほど一人で黙々と「遊歩道づくり」に取り組む
「あぁちょっと重たいな。でもぼくがんばるよ!」

②工事中盤：ランカンの設置

③遊歩道 遂に完成!
5Bはバランスをとりながら楽しそうに歩いていた。

図5　5歳児の「遊歩道建設工事」（提供：内田伸子）

子どもは身近にある廃材を活用しておもちゃを作りだします。遊びの目標に合わせて遊び道具を創る場合もあれば，造形活動でおもちゃを創ることもあります。アートの教育に力を入れているパーマストンノース市郊外の幼稚園では，保育実習生と子どもの合作の遊具が園庭に置かれていました。4歳児2名が枯れた竹を叩いたところ，よい音がしたのに気づいて「竹の楽器を創りたい」と保育実習生に提案し，竹カーテンの楽器作りに取り組み，2日かけて完成させました（**図6**）。子どもたちが，この竹の「カーテン」をくぐり抜けると，カラカラと乾いたよい音が響きます。よい音が響くたびに子どもたちから楽しそうな笑い声が竹カーテンの音と交響していました。子どもを育む「遊び環境は『感激，熱中，一体感』というような気持ちを子どもに起こさせる可能性を持つものでなければならない」[9)]のです。子どもは，ワクワクしながら，ときにはハラハラドキドキしながら新しいものを生み出していきます。

図6　「竹の楽器をつくりたい！」（提供：内田伸子）

環境にあるものすべて（人的環境でも物的環境でも）が，「遊誘財」（子どもたちを遊びに誘う「環境」：鳴門教育大学附属幼稚園）になります。身の回りにあるものすべてが単なる「材料」ではなく，確かな学びを保障する「財産」なのです。子どもたちは自分の好きな遊びに熱中しながら，彼らの環境にあるさまざまな遊誘材を遊誘財へと進化させる天才といっても言い過ぎではありません。

子どもの創造活動が展開するには，大人が子どもの発達に配慮した遊び空間を準備してあげなくてはなりません。筆者が月に一度通っている保育園では，0歳～2歳児の遊ぶ空間と，3歳以上の子どもたちが遊ぶ空間はフェンスで分けられています。低年齢児には保育者が腕を伸ばせば届く範囲で常に付き添っていますが，3歳以上の子どもたちは低年齢児の遊び空間を除いたすべての空間を自由に遊び，駆け回り，遊具を使い，友だちと一緒に遊びを創り出しています。保育者は子どもから離れて見守り，子どもが困っているときに，そっと近寄り，子どもに解決策を見つけられるよう足場（scaffolding）をかけてあげるのです。

足場かけは旧ソビエト連邦の心理学者ヴィゴツキー（1896 ~ 1934）が提唱した概念で，教育心理学者のブルーナー（1915 ~ 2016）は「大人は足場をかけることはできる。しかし大人ができるのは足場をかけるところまでである。子どもがその足場を使ってどんな遊びをするか，足場を活用する主人公なのだ」と定義しています。子どもの遊びの展開に保育者の援助は欠かせません[10)]。

ニュージーランドでの幼児教育調査の対象となった五つの保育園の保育者たちは，「子どもの主体的な遊びを大切にして見守るが，子どもが困っているときには足場をかけてあげなくてはいけない。子どもの様子から子どもの心の中で生じた葛藤を洞察し，適切な援助を与えることができなくてはいけない。」と口々に語ってくれました。

保育者の援助には，「見守り」，「足場かけ」，「省察促し」（もういちど考えてごらん），「誘導」（この穴が小さすぎるから入らないのかもしれないね。穴を大きくしたらうまくいくんじゃない？）と「教導」の５種類があります。保育室では回答や解説をトップダウンに教える「教導」は子どもの自生的な成長の力を抑えてしまうので，慎重に，できたら避けていただきたいと思います。また，トップダウンの禁止や命令は子どもを萎縮させるだけではなく，子どもの成長の阻害要因になりかねません[3), 11)]。

3-4 子どもの資質や能力を映し出す「ことば」の力

子どもの遊びをどう読み取るか，プロトコル分析についてご紹介しましょう。プロトコル分析とは，言語として発話されたデータの詳細な分析を通じて，対象者の内的認知過程を分析する認知心理学の方法です。

遊びについてのプロトコル分析では，まず，子どもが遊んでいる場面で起こる会話，ことばや表情などを写真や動画，メモなどに記録します。５章の現地調査では水辺での遊びの様子を観察し発話記録を作成しました。ニュージーランドでの保育調査でも筆者は iPad を用いて子どもと保育者のやりとりの場面を動画に記録して発話資料を作成しました。会話，表情や動作から保育者の足場かけや子どもの心に起こった葛藤，会話の中での子どもの学びなどを読み取っていきます。次に記録した発話の分析の例をお示ししましょう。

パーマストンノース市郊外の保育園では「探究心を育てる」という目標のもと「森プロジェクト」を計画しました。子どもの興味や関心によって次の三つのコースが選べるようになっています。①草原にシートを敷いてフルーツタイムを楽しむ，②うさぎやアヒルと遊ぶ，③森の奥にポッサムを探しにいく，の三つでした。③のプロジェクトに参加した子どもたちの会話記録（発話資料）を**図7**に示しました。

（保育者<T>が切り株の上にポッサムの糞を見つけた）
T「**ここにポッサムの糞がある！**」
3B「じゃあ、この近くにポッサムがいるんだよ」
（3,4人の子どもたち一斉にあたりをみまわす）
T「**あなたがポッサムだったらどこに住む？**」
3B「木の中かな？」
4G「地面の上かも？」
3B「やっぱり、木に住むんだろう」
4B「ウン、ポッサムだったら木の穴にすむんじゃない！？」
T「**どの木かな？**」
4B「5歩くらい歩いたところ。ホラ、細い木があるよ！」
4G「Tree Trunkかな？」⇔4B①「ちがう！」 *4B②;Tree trunk いぶかしそうな表情。*
T「**Tree trunk ってどんなもの？**」　**（*trunk；木の幹、樹幹）（省察）**
4G「枝と似てるけど、ちょっとちがう。」⇔T「じゃあ、trunk ってどんなものかしら？」
4G「穴があるくらい太いもの。ポッサムが住めるくらいの穴があるもの」（転導推理）
4B②　4GとTの会話に耳を澄ます。最後は納得したように頷き、笑顔になる。

図7　子どもたちの会話―発語プロトコルの分析例（提供：内田伸子）

ここで例示した会話には，保育者が，要所で足場かけしてあくまでも子ども自身に探究させようとする姿勢がよく現れています。発話資料から子どもの頭にどんな考えが浮かんだを読み取ることができます。まず保育者（T）が，切り株の上にポッサムの糞があることを子どもたちに知らせました。ここからポッサムがどこにいるか会話が始まります。ポッサムの棲家探しが散漫になったタイミングで，Tは「あなたがポッサムだったらどこに住む？」とポッサムの視点から棲家を探すよう提案しました。ポッサムのつもりになって探すよう足場かけをしました。とたんに棲家探しは現実的なものになります。

4歳男児（以下，4Bと表記。女児の場合はG）が，「ウン，ポッサムだったら木の穴に住むんじゃない!?」と叫びます。そこで，Tは「どの木かな？」と足場をかけました。このやり取りを聞いた4Bは，「5歩くらい歩いたところ。ほら。細い木があるよ!」と答えました。その細い木を見た4歳女児（4G）は，「Tree trunkかな？」と対案を出します。すると，4Bの一人（4B①）はこの対案に対して「ちがう!」と強く否定しました。

このやり取りを聞いていたもう一人の4B②は"Tree trunk"がわからなかったらしく，いぶかしそうな表情を浮かべました。Tは4B②のいぶかしそうな表情を見逃さず，4B②になりかわって，T「Tree trunkってどんなもの？」と質問しました。すると4GはTに向かって「枝と似てるけど，ちょっとちがう」と答えたのです。

この答えに満足しなかったTは「じゃあ，trunkってどんなものかしら？」と畳みかけて質問しました。4Gは「穴があるくらい太いもの。ポッサムが住めるくらいの穴があるもの」と定義を精緻化させていきました。下線を引いた発話はトートロジー（転導推理）ではありますが，"trunkとは穴があるくらいの木の太い部分"という定義にたどり着きました。保育者Tに説明しながら，4G自身も"trunk"の意味が可視化されたのでしょう。Tと4Gの会話に耳をそばだてていた4B②は，納得したように頷きました。

この例から，子どもたちが遊びに熱中しているときは互恵学習が起こり，一人ひとりの子どもの中にいろいろな力が育まれていくことがおわかりいただけたのではないでしょうか。大人は子どもが遊びに熱中しているときは，うっかり声をかけたり，手を出したりして子どもの遊びを邪魔しないでいただきたいと思います。大人は子どもが困ったとき，どうしても解決策が見いだせないときだけ子どもの明日の育ちを予見しながら足場をかけていただきたいと願っています。

締めくくりに「これにもお豆がなるの？」というエピソードをご紹介しましょう。このエピソードは，適時に適切な足場をかけてあげれば，幼い子どもでも，科学者がたどるような仮説検証過程を自力で進むことができるということを示唆しています。

「これにもお豆がなるの？」

「私はかつて幼稚園の二児を近郊に伴った。彼らはみやこぐさの花に注意を引かれたが，その名を問う他に能がなかった。当時私どもの菜園には同じマメ科のえんどうの花が咲いていたので，私は名を教える代わりにその花を持って帰り，おうちでそれによく似た花を見出すようにと指導した。

彼らが帰宅後，両者の類似を見出した時には小さいながらも自力に基づく新発見の喜びに燃えた。やがて一人がみやこぐさについて，これにもお豆がなるの？と尋ねた。それは誰にも教えられない独創的な質問であった。

私はそれにも答えず，次の日曜に彼らに現場で確かめることを提案した。

次の日曜に彼らがそこに小さなお豆を見出したとき，そこには自分の推理の当たった喜びがあった。秋が来た。庭には萩の花がさいた。彼らは萩にも豆のなることを予測した。彼らは過去の経験から，いかなる花に豆がなるかを自主的に知り，その推論を独創的にまだ見ぬ世界に及ぼしたのである。」[12),13)]

子どもが疑問を持ち質問したときにはすぐに答えを与えるのではなく，大人は，子ども自身が自力で探究できるように足場をかけてあげていただきたいと思います。大人ができるのは足場をかけるところまで，足場を上るか，どんな作業をするかを決める主人公は子ども自身なのです。遊びを通して楽しく学ぶ「楽習」の主人公は子ども，大人はあくまでも「わきやく」に徹していただきたいものです。

以上の論考に基づき，プレイフルインフラの構築に向けて提案したいと思います。子どもを育む環境は，まず，子どもが好きなだけ探究し，発見し，創造活動が展開する空間であること。そして，子どもがつまづいたときに，大人が足場をかけてあげられる空間であること。このような空間で，子どもは遊びに熱中し，頭を働かせ，工夫したり判断したりして，未来を切り拓いていくのです。

コラム⑦ ミュージカル『キャッツ』創造の秘密

子どもの発話は類推から生まれます[1]。

「ゆうあけこあけのかたまりだ！」(3 歳男児)
11 月の赤みがかった満月が東の空に昇り始めたのを見て驚いた

「ここで雲をつくってたのか！」(4 歳女児)
ゴミ焼却場の煙突からモクモクわきだす白い煙を見つけて叫んだ

「おかあさんはおばあちゃんから生まれたんでしょ。じゃあ。おとうさんはおじいちゃんから生まれたの？」(5 歳男児)
〔母親—祖母〕の関係を〔父親—祖父〕に引き移して類推した

「(白と黒の) パンダはおめでたくない動物なんだね，きっと」(6 歳女児)
お通夜の席で白黒縦縞の鯨幕を見たときに母親にささやいた

子どもは目の前の刺激に気づき，それと似ているものを記憶の中から取り出してきます。刺激と経験の差異と類似性をすばやく見分けて発話します。類推は目の前の刺激と既有知識とを関係づけ，目の前の刺激が何かを理解する手段であり，想像力の働きを支えています。既有知識や経験が豊かであるほど豊かな想像力を持つことができるのです。

では，次の英文はどんな意味でしょうか。

"The yellow fog that rubs its back upon the window panes."

直訳すれば「黄色い霧がその背を窓枠にすりよせる」となります。この文はメタファー（隠喩）であり，直喩に復元できます。すりよせる仕草をする生き物は？猫です。霧のどんな動きを猫の仕草にたとえているのだろう？　窓枠にぐるぐる渦を巻くような動きをさしているのではないか。この隠喩を直喩にすると，この文は「黄色い霧が背中をすりよせる猫のように窓ガラスで渦を巻いている」となります。なんとも陳腐な文になってしまいますね。種明かしをすれば，この文は，英国の批評家で詩人エリオットの詩“The Love Song of J. Alfred Prufrok.”（アルフレッド・プルフロックの愛の歌）の一行です[2)]。なんと，この一行から，英国の作曲家·ロイド＝ウェバーはあのヒットミュージカル『キャッツ（Cats)』を創作したというのですから驚きです。このエピソードは既有知識や経験が豊かであればあるほど創造的想像力が豊かであることを物語っています[3)]。遊びを通して非認知能力や創造力を育みたいですね。

《参考文献》

1）全労済（1998）「生きていてよかったと感じる“ひとこと”」河出書房新社

2）Eliot，T. S.（1971），” The complete poems and plays：1950-1950”，New York：Harcourt，Brace & World，Inc.

3）内田伸子（1999）「発達心理学～ことばの獲得と教育～」岩波書店

《参考文献》

1）内田伸子・浜野　隆（2012）「世界の子育て―貧困は越えられるか？」金子書房

2）杉原　隆・河邉貴子（2014）「幼児期における運動発達と運動遊びの指導」ミネルヴァ書房

3）内田伸子（1998）「まごころの保育―堀合文子の言葉と実践に学ぶ―」小学館

4）倉橋惣三（1939/2008）「幼稚園真諦」フレーベル館

5）耳塚寛明・浜野　隆・冨士原紀絵（2021）「学力格差への処方箋―［分析］学力・学習状況調査」勁草書房

6）大橋節子・内田伸子・上田敏丈・中原朋生（2018）「ニュージーランド保育関係者は2017年テ·ファーリキの改定をどのように捉えたか」チャイルドサイエンス，Vol.16，pp.41-46

7）大橋節子・中原朋生・内田伸子・上田敏丈（監訳・編著）（2021）「テ・ファーリキ（完全翻訳・解説）～子どもが輝く保育・教育のひみつを探る～」建帛社

8）内田伸子（2020）「AIに負けない子育て～ことばはこどもの未来を拓く～」ジアース教育新社

9）仙田　満（2018）「こどもを育む環境　蝕む環境」朝日新聞出版

10）内田伸子（2017）「発達の心理―ことばの獲得と学び」サイエンス社

11）内田伸子（2017）「こどもの見ている世界―誕生から6歳までの『子育て・親育ち』―」春秋社

12）高橋金三郎（1962）「授業と科学」麦書房，pp.149-150

13）渡辺万次郎（1960）「これにもお豆がなるの？」理科の教育，明治図書，8，p.11

4 子どもの遊びの空間

子どもにとって，どのような遊び環境が
必要なのでしょうか。
子どものための遊び空間のあり方や
水辺の果たす役割について考えてみました。

4-1 子どもにとっての遊びの意味

子どもの遊び環境

◎子どもにとって遊びとは何か

子どもにとって遊びは生活といえます。小さな子どもが夢中で遊ぶ姿は，見る人も楽しく，うれしくなります。子どもは砂に穴をつくり，水を入れる，そのこと自体が楽しいのです。何回も水を入れながら，その砂の穴が変化していくことが驚きであり，そこに感動があり，発見があります。小さな子どもの遊びから，少し大きな子どもの遊びまで，子どもの遊びには共通しているものがあるのです。

◎遊びの基本条件（自由・楽しい・無償・繰り返し）

遊びの基本条件として大きく四つ挙げることができます。

第一に自由であるということです。遊びは自由であり，強制されるものではありません。子どもは自由にものをつくり，自由に動き，自由に興味をもち，発見をします。

第二に楽しいということです。子どもにとって遊びは夢中になるもの，楽しく喜びを感じるものです。苦しいものでも，我慢するものでもありません。

第三に無償であるということです。遊びはそれをすることによって何か役立つものではありません。少なくとも何か役立てようとするものではなく，有用なことを予想するものでもありません。

第四に繰り返されるということです。遊びは繰り返され，時間が消費されます。面白ければ面白いほど，子どもは繰り返します。

この四つの特徴は，小さな子どもから大きな子ども，さらには大人の遊びにおいても当てはまるものです。

◎遊びによってもたらされる能力（身体性・社会性・感性・創造性）

遊びはもちろん，有目的な行為ではありません。それによって何かを獲得しようとして行動するわけではありません。しかし，その遊びを通して子どもが獲得する能力があります。

まず，身体性の開発です。すなわち運動能力，体力を子どもは遊びを通して獲得していきます。子どもにとって遊びは，多くは運動でもあります。さまざまな身体的活動をすることによって，子どもは走力，跳躍力，敏捷性，瞬発力，回転力，登坂力などを身につけていきます。

二つ目に社会性の開発です。遊びを通して友達をつくり，仲間をつくる方法を学びます。アメリカの作家ロバート・フルガム（1937 ～）は 1968 年に『人生に必要な知恵はすべて幼稚園の砂場で学んだ』を出版し，その中で「仲よく遊ぶこと，けんかをしたら仲直りすることは大学や大学院で学ぶことでなく，幼稚園時代に遊びを通して学ぶことだ」と述べています。

三つ目に感性の開発です。子どもは特に自然遊びを通して，自然と触れ合い，自然の変化，自然の美しさを発見します。動物の生や死に直面すると喜び，悲しむ。どんぐりを集める，花を摘むという採集行為の中に，喜び，満足し，感性を大きく育てる。このように遊びを通して子どもは感受性と情緒性を開発していきます。

四つ目に創造性の開発です。子どもは何かを作り上げることが好きです。積木遊び，砂遊び，彼ら自身のための小屋というようなアジト遊びもまた創造的な行為です。

これら四つの能力は遊びの有用性を示すものではありませんが，子どもにとって遊びを通して獲得する能力だということができます。また逆にいえば遊べない子ども，遊ばない子どもは，これらの能力を開発する機会を奪われているといえます。

◎遊び環境（空間・時間・仲間・方法）

小さな子どもは生活のほとんどの時間を遊びに使います。したがって遊び環境とは，ほとんど成育環境ということができ，それは次の四つの要素によって構成されると考えられます。

第一に遊び空間です。遊びの物理的なフィールドを遊び空間，あるいは遊び場と呼ぶことにします。現代の子どもの生活の身近なところに豊かな遊び空間が減少している問題があります。

第二に遊び時間です。遊び場があっても時間がなければ遊ぶことはできません。自由に遊ぶことができる時間があることが重要です。今の子どもの遊び時間は分断傾向にあります。友達と一緒に遊ぶ時間がなくなっていることも大きな問題です。また分断化された時間の中で，テレビゲームなどに時間を費やして，外で群れて遊ぶ時間を失っているのです。

第三に遊び仲間です。遊びのコミュニティといってもよいでしょう。遊びには仲間が必要です。子どもは仲間から遊び方法を教えてもらいます。少子化は子どもの仲間を減少させています。

第四に遊び方法です。従来,子どもの遊びには「三間」が必要だといわれていました。遊び空間，遊び時間，遊び仲間の三つの間です。しかし，遊びの方法も大きな影響を与えています。遊び方，遊び方法を知らなければ，遊びは発展しません。鬼ごっこという遊び方法は歴史的にも極めて古いものです。これらの遊び方法があるから，子どもは遊ぶことができるのです。特に集団遊びゲームではその方法が重要です。この遊び方法は遊びのコミュニティによって多く伝承されてきました。

しかし，1960 年代に普及したテレビと，1980 年代に出現したテレビゲームという道具は，大きく遊び環境を変えてしまい，2000 年代に入って携帯電話・スマートフォンが大きな影響を与えました。方法という領域では 1960 年代に法律によって道路での遊びが禁止され，近年，公園ではさまざまな禁止事項が示されています。社会規範や社会システムというものも，子どもの遊び・生活環境にとても影響していることを認識する必要があります。

遊び環境は時代や社会の変化に大きく影響されるものですが,それを時間,空間，仲間，方法という側面から見なければなりません。

4-2 遊び場の型

六つの遊び空間

遊び場を現象的にとらえると，校庭，公園，神社の境内などを羅列していくことができます。しかし，それは施設の機能類型的な場所を指していて，そこで何をするのか，どういうふうに遊ぶのかという，子どもの行為とは全く関係がありません。ここでいう六つの遊び空間は現象的場所ではなく，子どもの遊び行為のイメージを持った実体的空間としてとらえようとしているものです。

❶ 自然スペース

子どもの自然遊びの基本は採集の遊びです。「人類が原始的生活以来，文明の流れのなかで行ってきた活動を個体の発達の過程として順次反復する」とアメリカの心理学者 G. スタンレイ・ホール（1844 ~ 1924）はいっていますが，自然遊びはかつての狩猟，農耕，漁業の形態と類似的に見ることができます。カブトムシ，クワガタ，カミキリムシ，カエル，ドジョウ，フナ，オタマジャクシ，ザリガニ，ウナギ，カニ，オニヤンマ，ギンヤンマ，カマキリ，アケビ，ク

自然スペース

リ，カキ，ヤマイチゴ，シイタケ，タケノコなど，これらはすべて子ども時代，採集の対象となる動植物です。

この採集の遊びはほかの遊び空間では体験できない，この空間固有の遊びです。自然スペースではそこに生命と変化があることが重要となります。

❷ オープンスペース

オープンスペースとは，力いっぱい走り回れる，広がりのあるスペースです。運動場といってもよいでしょう。子どもの身体いっぱいのエネルギーを受容できる，広がりのある場所が必要です。そこでは多くの場合，集団ゲームが行われます。野球，サッカー，ドッジボール，バレーボール，缶蹴り，かくれんぼなど，これらのゲームは動的で，ときには暴力的でもあります。広々とした芝生の広場，海辺の砂浜も，子どもを思わず走り回らせます。

オープンスペース

❸ 道スペース

かつて自動車が少なかった時代，道は都市部の子どもにとって最大の遊び場でした。樋口一葉の有名な小説『たけくらべ』（1895 ~ 1896）の中には，下町の子どもたちの生き生きとした道遊びの状況が描かれています。かつての道スペースは，今のオープンスペースの役割までも兼ねていました。道スペースの重要な性格は，子どもたちの出会いの空間であり，いろいろな遊びの拠点を連携するネットワークの空間であるということです。そういう意味で三輪車，自転車遊び，ローラースケート，わっぱ回しなどの乗り物遊びが現代の道遊びの主流といってよいでしょう。

❹ アナーキースペース

アナーキースペースというのは，廃材置き場や工事現場のような混乱に満ちたスペースのことです。計画的に整備された遊び場よりも，工事現場の乱雑さの中で，子どもは創造力を刺激されます。

アナーキースペースでの遊びは，いわゆるチャンバラ，ウルトラマンごっこ，撃ち合い，戦争ごっこ，コンバットごっこなどの追跡・格闘遊びが多くなります。アナーキースペースは子どもに遊びの背景として多くのイメージを膨らませることができるのです。

1940 年代，デンマークの造園学者ソーレンセン教授（1893 ~ 1979）は，子どもが廃材で遊んでいるのをヒントに，アドベンチャープレイグラウンドをつくりました。この流れが現在日本でも各地で行われているプレーパークの始まりです。アナーキースペースが公園化したものといえるでしょう。

❺ アジトスペース

親や先生，大人に隠れてつくる秘密基地をアジトスペースと呼びます。子どもには押入れ，隅っこ，机の下のような小さな隠れた空間に対する指向が見られます。このように親や大人たちに知られない独立した空間を持つことで，独立心や計画性などを養い，精神的にも成長していくのです。そして，つくり守る過程の中で，子どもの共同体としての意識を育み，友情や思いやりだけでなく，あるときは裏切りや暴力を体験します。アジトスペースはこのように集団遊びの閉鎖的な空間として子どもに必要な遊びスペースです。

❻ 遊具スペース

遊具スペースとは，文字どおり遊具を媒介とした遊びのスペースです。児童公園の建設とともに，着実に増えてきました。1950 年には 1,480 か所だった児童公園が，1974 年には 10,805 か所になっています。その後，児童公園は街区公園と名称が変わり，1995 年には 58,547 か所，2005 年には 73,482 か所，2015 年には 105,744 か所に及び，2019 年には 110,279 か所と報告されています。

遊具スペースは，ほかのスペースに入れられず，量的にも無視できないスペースとして六つの遊び空間の最後に登場するスペースです。かつてクスやケヤキの大木は子どもの遊び場のシンボルでしたが，今日では，それが遊具に取って代わっています。

遊具スペース

4-3 原風景と遊び空間

原風景としての遊び空間

筆者らは，1970 年ごろから，子どもの遊び環境の原風景をもとに，遊び環境の研究を始めました。子ども時代の個人的体験と空間を，多くの人から聞き取ったり，スケッチをしてもらったりして，その空間を整理し，大人になってなお強烈なイメージとして残り，時を経ても感情の高まりとともに思い出される遊び場，心に焼き付いた遊びの風景を「遊びの原風景」と呼び，その成立条件などについて考えてみました。

1970年ごろ日本大学芸術学部の学生に「子ども時代のプレイマップをつくる」という課題を出したことがあります。それは彼らが子どもだった時代，1960年ごろの子どもの様子といえますが，ワイルドな遊びをしている様子が描かれていました。1980年から81年にかけて20歳以上の男女約50人ずつ計108人に面接調査を行い，また1988年から89年にかけて50人の建築家にインタビュー調査を行いました。これらの調査を通じて遊びの原風景の成立条件を探すことにより，遊びやすい空間の構造を導くことができるのではないかと考えたからです。

思い出の遊び場

被調査者にとって，最も印象に残っており，心に焼き付いている遊び場を「原風景の遊び場」と呼び，そのほかに被調査者が挙げたすべての遊び場を「思い出の遊び場」と名づけました。

「思い出の遊び場」は108人で791か所ありました。1人平均7.3か所の遊び場を挙げていることになります。これを六つの遊び空間に分類してみました。ただし六つの遊び空間は日常的な外遊び空間を指すもので，採集された中にはそれ以外の「商業遊園地」や「汽車で行った父の田舎」のような非日常的な遊び空間や建築的空間も含まれています。したがって，ここでは**図1**のように分類

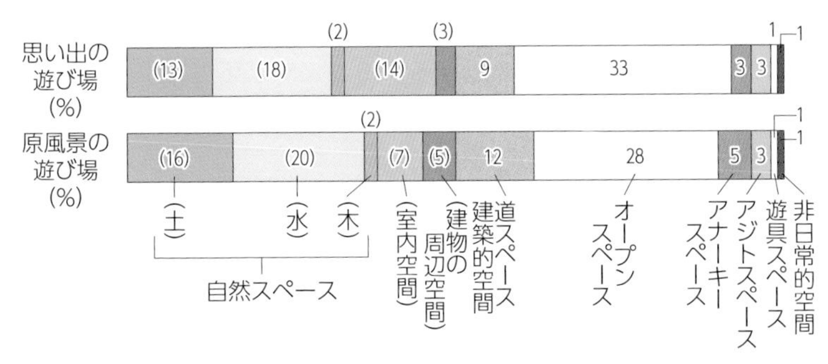

図1　「思い出の遊び場」と「原風景の遊び場」（提供：仙田　満）

をしました。なお，建築的空間は室内空間と建物の周辺空間とに分けました。この分類で108人の「思い出の遊び場」と「原風景の遊び場」を**図1**にまとめました。これから「原風景の遊び場」は自然スペース38%，オープンスペース28%，道スペース，建築スペース各12%，アナーキースペース5%，アジトスペース3%の順で，自然スペースが多くの人々に強い思い出を残していることがわかります。

自然スペースの中でも特に水や水辺にかかわる空間が，木や林のような森林系の空間に比較して圧倒的に「原風景の遊び場」になっていました。また，自然スペースに匹敵するように，オープンスペースが「原風景の遊び場」になっており，その重要性を示しています。

「原風景の遊び場」の数を「思い出の遊び場」の数で除したものを原風景化率として見ると，高い値ほど，そのスペースが原風景になりやすいことを示していることになります。

また，**図2**のように，建築的空間のうちの室内空間は「思い出の遊び場」として数多く挙がっていますが，原風景としては残っていません。すなわち機会としては，室内空間は遊び場として多くあったのですが，印象的な遊び場として残るものが少ないことを示しています。自然スペース，道スペース，アナーキースペース，アジトスペース，遊具スペース，建物周辺空間は高い値を示し，逆にオープンスペース，室内空間，遊園地などの非日常的空間は低い値を示しています。

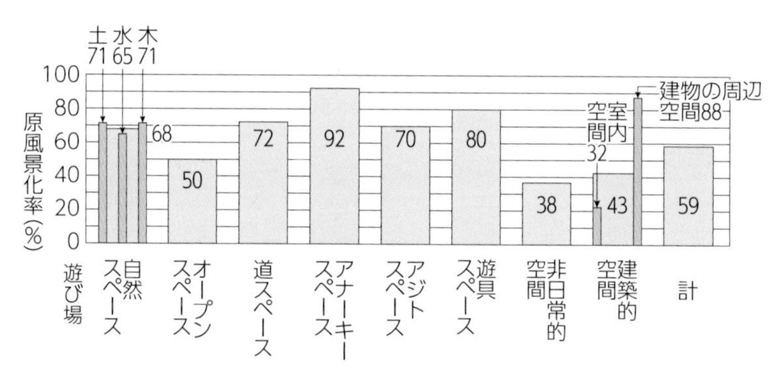

図2　原風景化率（提供：仙田　満）

遊び空間と原風景

❶ 自然スペースと原風景

自然スペースは全原風景の遊び場の約 40% を占めており，自然スペースでの体験が子どもにとっていかに強く印象づけられていたかが示されています。その中でも自然スペースの遊びの 43% が生物遊びの魚を捕る，虫を捕る，花を摘むという採集の遊びです。そのうち川や田んぼのような水辺での遊びがその 60% を占めています。また身近な自然の中で自然の美しさを発見し，思い出として強く残っています。遊び場の美しさを表現しているのは，自然スペース以外では現れてきていません。自然スペースの美しさの感動が子どもにその風景を原風景として残していると思われます。生物採集の遊びでは特に共同作業を伴います。また自然スペースでの運動遊びは〈広がりのあるスペースに面した木立〉や〈低木群と広がりのある草地〉，〈坂，崖，土手〉，〈川，池，田〉というスペース構成のところで展開しやすくなっています。

❷ オープンスペースと原風景

オープンスペースでの遊びは野球などのスポーツゲームが多いのですが，1,000 m^2 程度の広い面積から 100 m^2 程度の比較的小さなものに二極化しています。オープンスペースの周囲に道，路地，大木，建物，土手などがあって，また隠れる機能があることで遊びが発展すると思われます。

❸ 道スペースと原風景

道スペースは舗装か未舗装かは問題でなく，車が少ないことが絶対的な条件となっています。道幅はあまり広くなく，電柱や道祖神が遊びの拠点となって，家並みの間に小さな路地や隙間のあるような変化に富んで，しかも街区を一回りするようなスペースです。また，ソリや自転車でスリルやスピードを味わう坂道の機能を持つスペースでもあります。

❹ アナーキースペースと原風景

アナーキースペースでの遊びの原風景に特徴的なイメージとしては〈暗くて

隠れられる〉，〈崩れ壊れている場所〉，〈火遊びができる場所〉，〈原っぱと廃材がある場所〉などが挙げられます。

❺ アジトスペースと原風景

アジトづくりの場所は自然スペースの中でも林など，人の目に触れない秘密めいたところとなります。既存の建築的なスペースとしては馬小屋，小さな納屋，倉，物置，未完成の家，廃屋，洞窟などが挙げられます。スケールが小さく，人影がなく，しかも子どもの生活に身近な場所にある空間がアジトスペースになりやすいと考えられます。

❻ 建物の周辺スペースと原風景

大人にとって階段は階段であり，屋根は屋根にすぎませんが，子どもにとっては全く別のものに変化します。大きな階段は劇場となり，屋根は空中に浮かんだ家です。階段の下の隅っこは彼らの隠れ家にもなります。建築物の周辺はそういう意味では，子どもの想像力を極めて刺激するものなのです。そのため建物の周辺空間の原風景化率は極めて高いものとなっています。すなわち思い出として深く刻まれやすいということです。したがって，公園や道路以上にまず家の周りを子どもの遊び場として見直して，彼らの遊びやすさを生み出すものにしなければなりません。

4-4 遊びやすい空間の構造～遊環構造～

子どもの遊び行動と空間

◎幼児のための遊具デザイン

小さな子どものための遊具デザインが 1974 年から 84 年の 10 年間，日本大学芸術学部で行われました。そこでのデザインプログラムは受講生 20 人ほどが 4 ～ 5 人のグループでグラフィカルな図面を作るだけでなく，実際に実物を制作し，幼稚園や保育園で遊んでもらい，それを観察，総括するというものでした。10 年間で 40 ～ 50 種類の遊具が作られ，評価されました。

◎循環機能のある遊具

ゲームが発生する遊具の特徴の一つに循環機能があります。遊具におけるゲームの基本に「鬼ごっこ」があります。ある子どもが逃げ，それをほかの子どもが追跡するというパターンです。したがって，そこでは行為の連続性が重要なエレメントになると考えられます。例えば滑り台は，最もシンプルな形で循環動線を持ち，また動線そのものがトンネルだったり，橋だったりという形で遊具化されたものです。最も人気が高い遊具は，外周はすべて走り回れるようになっているものでした。明確な動線のない形態のものは，いくつかの穴があいたポーラス（多孔質）な形態をしており，迷路的な循環動線を持つことがゲームの発生に極めて重要な意味を持つことがわかりました。

ゲームの発生しやすい遊具の特徴を，子どもの行為や体験の変化という点でみると，共通の特徴を発見することができます。それは遊具の構成要素として対立的な要素を持っていることです。例えば狭い閉鎖的なトンネルと高い開放的なブリッジという対立的な空間があります。真っ暗な空間から明るいデッキに飛び出してくると，ほとんどの子どもはぴょんぴょん跳ね上がり，身体全体に彼らの遊びの全精神が躍動しているようです。

内部のトンネル部分のカプセル的で親密な空間では秘密めいた遊びが，また外側のブリッジ部分の鉄製のパイプでは鬼ごっこやウルトラマンごっこのような開放的な遊びが発生していますが，この二つの空間が同一の遊具の表裏にあるということが，この遊具での遊びを面白くしているようです。

◎ゲームの発生しやすい遊具の条件～遊環構造～

このように，子どもがゲームを発生させやすい遊具を考えてみると，その条件は循環機能があること，変化に富んで迷路的要素があること，遊具の構成要素として対立的な要素を持っていること，めまい感覚が体験できる部分があること，などが見いだされ，さらにその循環，回遊性をさらに高めるためには，近道となる動線を設けることが有効であることが発見されました。

このような観察調査に基づく分析によって，遊びやすい遊具の構造として，以下の七つの条件にまとめられました。筆者はこれを「遊環構造」と名づけました（図3）。なお，「遊環構造」の提案から30年余り経つなかで，「めまいの空間」が中心になっている事例が多く実現されてきたことから，新しい「遊環構造」（図4）のモデルを作成しました。

【遊環構造のモデル図と七つの条件】

①　**循環機能があること**

②　**その循環（道）が安全で変化に富んでいること**

③　**その中にシンボル性の高い空間，場があること**

④　**その循環に“めまい”を体験できる部分があること**

⑤　**近道（ショートカット）ができること**

⑥　**循環に広場が取り付いていること**

⑦　**全体がポーラス（多孔質）な空間で構成されていること**

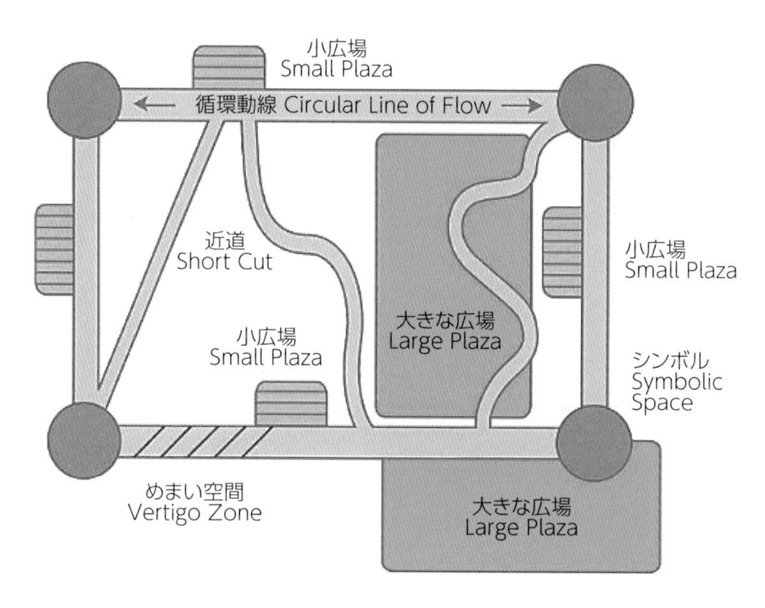

図３　遊環構造の概念図（提供：仙田　満）

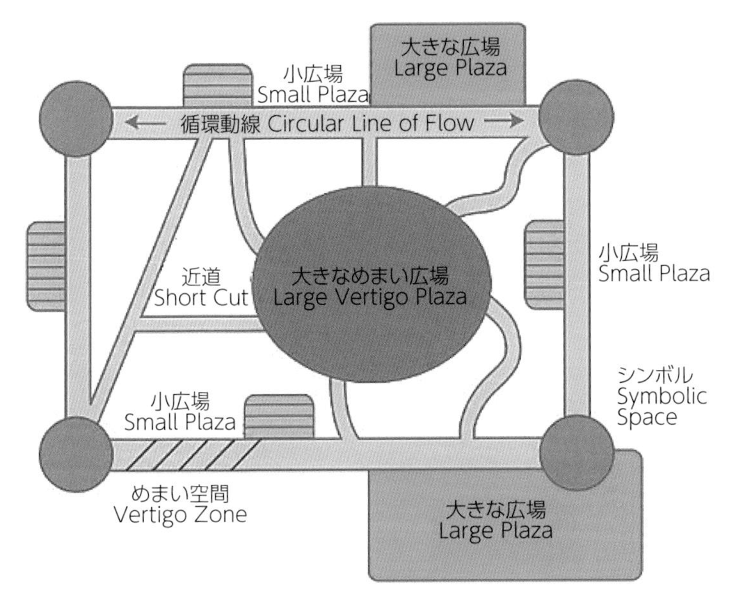

図４　新遊環構造の概念図（提供：仙田　満）

遊びやすいまちの構造

◎子どもの遊びやすいまちと遊環構造

ここで，子どもの遊びの原風景を整理してみると，道幅はあまり広くなく，電信柱や道祖神が遊びの拠点となっています。家並みの間に小さな路地や隙間があるような，変化に富んで，しかも一街区を一回りするようなスペース，道が坂になっていて，ソリや自転車でスリルとスピードを味わうことができる構造になっています。オープンスペースではまわりに道，路地，大木，建物，家，土手などがあり，それがオープンスペースを豊かなものとしています。鬼ごっこやかくれんぼをするためには，オープンスペースは単に広がりがあるだけでなく，その周囲に隠れることのできる木，建物，土手などがなければなりません。ここでの土手の空間は滑り台にも似ためまいの空間ということができます。これらの条件は先に述べた遊環構造の七つの条件をすべて満足していることがわかります。すなわち子どもの遊びやすいまちとは遊環構造を持ったものということができるのです。

◎子どもの遊びやすいまちへの復活を目指して

原風景調査による遊びやすいまちの構造の研究は，1980 年から 81 年に行われたものです。その対象となった人たちの子ども時代は 1960 ～ 1970 年代と思われます。まだまだ大都市にも路地があり，車が多くなっていたとはいっても，道での遊びが活発で，まちに子どもがいた時代です。確かにその時代は子どもたちがまちで自由に遊べる空間がたくさんありました。

現代では，公園でも「○○をしてはいけない」という看板が立ち，親たちも「公園は犯罪に遭う場所」と考えています。

2000 年代の子どもの公園利用は，1970 年代の約 10 分の 1 に減少したという報告があります。日本はアメリカなどにくらべると幼児に対する誘拐や犯罪は少なく，誘拐でいえば 500 分の 1，犯罪でいえば 100 分の 1 といわれています。しかし，日本でも子どもに対するさまざまな犯罪は大きく報道され，公園はさらわれる場所と保護者は考えています。学校の校庭も開放されているところは多くありません。現代の子どもたちの遊び空間は，1955 年ごろと比較すると，筆者は 100 分の 1 というオーダーで少なくなっていると推察しています。子どもに声をかけると不審者と思われる，そのような現実を変えていかねばなりません。

子どもは遊びを通してさまざまな体験をすることによって成長していきます。まちでの遊びや生活もその基盤となります。困難を乗り越え，生活を楽しむ人として成長するには，幼児の段階からゆったりとした生活時間の中でのさまざまな遊びの体験が不可欠です。集中し，熱中する時間，大人に見守られる安心の空間，友達と時間を忘れ夢中になる遊び，駆け回れる空間がなければなりません。そういうまちに変えていかなければ，まちの遊環構造を取り戻さなければ，子どもの能力を開発する機会を奪い，その未来を明るいものにすることはできないのです。

4-5 緑・水辺空間の持つ意味と役割

緑環境の側面

歩き回れる都市において，緑地は不可欠です。そして，それがネットワークされている必要があります。緑地帯です。住宅景観の評価には，建築間の個体距離（建物と建物の間の距離），デザイン，緑という要素が挙げられますが，緑地の多さはその都市の落ち着きと美しさなど，その評価に極めて関係しています。緑地を代表するのは公園ですが，わが国の大都市の公園の市民１人当たりの面積は，ヨーロッパやアメリカの大都市の 20 m^2 程度に対し，5 m^2 程度と４分の１しかありません。また，そのネットワークの緑道や並木も十分だといえません。そもそも人間が歩きやすい歩道の整備が十分ではないのです。この70年間，日本の都市はある意味で農地や山林を宅地開発して食いつぶしてきたともいえます。その緑地の少なさは，楽しい都市構造としての回遊性，多様性を貧弱なものにしがちです。これを改善するためには，例えば低層住宅地を4，5階建てに立体化（いわゆるタワーマンションではない）し，その足元やベランダ，屋上を緑化することが有効と思われます。また，都市においても小さな緑を守る，あるいは創出しながら，にぎわいを生み出し，緑豊かでイベントやお祭りが開かれる，楽しみのある緑の広場を街角の中心にあちこちにつくるなどの地道な活動が必要とされています。わが国の都市緑地の充実のためには，民間の

丸の内ブリックスクエア（東京都千代田区）

グランモール公園（神奈川県横浜市）

力をよりいっそう活用していくことも必要でしょう。

まちなかの小さなビルも，道路に面して小さな緑の広場をつくっていくことによって，緑豊かな歩道が形成されます。

水環境の側面

楽しさのある都市，遊環構造としてのめまいの空間にあたるところに水面がくることは十分にあり得ます。水面があるだけで人が集まります。人は水を何時間も眺めていられます。水を眺めていると心が落ち着きます。水面は都市の回遊性において極めて重要な要素です。水環境といっても海，港，運河，河川，小川，噴水，池，湖など，さまざまな形式があります。筆者の仮説ですが，3,000 m^2 ほどの美しい水面があると人々はゆったりとした足取りでとどまることができます。美しい水はそれだけで気持ちが鎮まります。また水の上を走るという形での都市環境を楽しむ景観も魅力的です。九州の柳川や，富山の富岩運河環水公園など，水辺での体験が多くの場所で展開されると，都市の遊環構造性は高まると考えます。アメリカのサンアントニオのリバーウォークなどはその最も洗練した形といえるでしょう。

原風景の調査で明らかにしたように，緑の広場と連結した小川の存在は大きいものがあります。筆者は，若いころ，アメリカのアスペン市でまちなかのモールに小川が流れていたことにとても感動しました。小川には多様な生物が生息します。豊かな自然，豊かな生物環境をつくり出します。そしてその生物との関係において，子どもたちの遊びの場として豊かな環境となります。自然遊びの思い出率は高くなります。中でも小川で遊んだ思い出はとても大きいといえます。イギリスの精神科医ボウルビィ（1907 ~ 1990）のアタッチメント理論による愛着の空間として，筆者は小川のある環境が極めて重要と考えています。困難が多い時代，幸せな子ども時代を過ごすためには，小川のある自然豊かな環境は不可欠です。

富岩運河環水公園 (富山県富山市)

《参考文献》

1）仙田　満 (1984)「こどものあそび環境」筑摩書房
2）仙田　満 (1992)「子どもとあそび：環境建築家の眼」岩波新書
3）仙田　満 (2009)「環境デザイン論」放送大学教育振興会
4）仙田　満 (2018)「こどもを育む環境 蝕む環境」朝日選書，朝日新聞出版
5）仙田　満 (2020)「遊環構造デザイン　円い空間が未来をひらく」放送大学叢書, 053, 左右社
6）ボウルビィのアタッチメント理論
Bowlby. J (1968)「Attachment and Loss：Vol.1，Attachment」New York：Basic. (revised edition 1982)
Bowlby. J (1973)「Attachment and Loss：Vol.2，Separation」New York：Basic
Bowlby. J (1980)「Attachment and Loss：Vol.3，Loss」New York：Basic

5 水辺で芽生える「子どもの生きる力」

水辺は，子どもの成長にとって
どのような場所なのでしょうか。
子どもたちは水辺でどのような力を
身につけているのでしょうか。
水辺で遊ぶ子どもたちの会話から水辺の魅力を
調べてみました。

5-1 水辺遊びではどんな能力が育つのだろう？

前章までの話の中で，子どもにとっての遊びの大切さ，そしてそのための遊び空間の必要性がおわかりいただけたかと思います。河川行政においても，治水を中心とした河川整備から少しずつ人の利用にも目が向けられ，最近ではさまざまな親水空間整備が進められています。

一方，「はじめに」でも紹介しましたように，日本の子どもたちは他国と比べて突出して孤独を感じている子どもの割合が多く，その数は実に３割にも及んでいます。では，なぜこのような結果になっているのでしょうか。

このことについて，一つ興味深い調査結果を紹介します。

筆者らは，子どもの孤独感は自然体験の有無と関係性があるのではないかと考え，川遊びを実施している東京の多摩川沿いの小学校で以下のようなアンケート調査を実施しました。

・時　期：2014年11月4日～11月14日
・対象者：東京都多摩市の２校，４年生～６年生（計586人）
・設　問：① 自由時間は何をして遊んでいますか？
　　　　　② 最近，孤独を感じたことはありますか？

※関係する設問のみ抜粋

その結果をクロス集計したものを**図１**に示します。これを見ると，自由時間に外遊び[※1]を優先している子どもは，外遊びを優先していない子どもよりも孤独感を感じにくいことが読み取れます[※2]。つまり，孤独感と自然体験（＝外遊び）には関係性があり，孤独感を感じる要因の一つには，自然体験の機会が減少していることも関係しているのではないかと推察されます。

※１　外遊び：主に自然体験（川遊び，虫・魚とり，草花遊び），ボール遊び，鬼ごっこ，遊具遊び
※２　フィッシャーの正確確率検定を実施した結果，有意水準10％で有意と判定

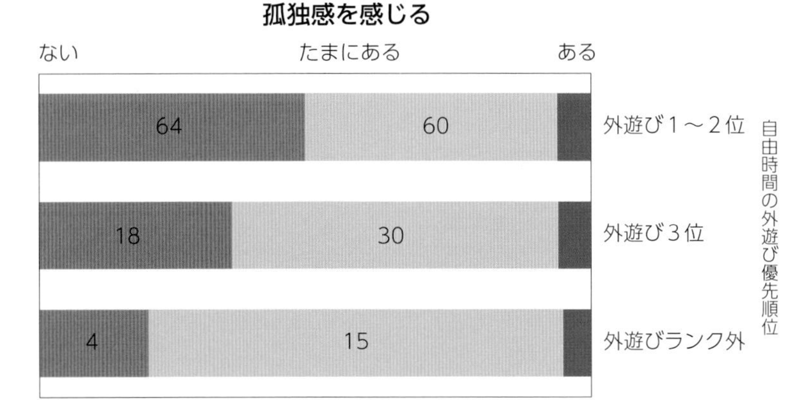

図１　外遊び（自然体験）と孤独感との関係性

では，どのようにすれば自然体験の機会を増やすことができるのでしょうか。都市部では地方の山間地などとは違い，そもそも自然体験の場が多くはありません。場所がなければ当然，機会も減ってしまいます。ですから自然体験の場を増やしてあげることが簡易かつ一番の解決策となります。

これらを出発点として，筆者らは子どもたちの孤独感の払拭，さらには子どもたちが自ら遊びを通じて豊かな心と身体を育んでいけるよう，都市部における自然体験の場，中でも最も身近な自然である水辺環境の創出方法を明らかにすることを目指しました。

なお，親水性に関する水辺環境の設計条件については，これまでにもさまざまなものが研究されています。しかしながら，それらの多くは大人の目線（例えば，管理上の都合など）で語られていて，利用する子どもたちの視点や心理面については触れられていませんでした。本研究ではこの点を一番の課題と考え，まずは子どもたちが川遊びによってどのような資質や能力を培っているのかを実際に川で遊んでいる子どもたちから探ってみることにしました。そして，これらを軸として必要な水辺環境条件や水辺を含むまちづくりのあり方について明らかにしていきました。

さて，子ども目線ということですが，川遊びをしている子どもたちの心の声や内面はどのように読み取ることができるでしょうか。実際に川で遊んでいる子どもたちを見ていると，楽しそうに笑っている子や何かに挑戦しようとして真剣な表情をしている子などが目に止まりました。そこで研究初期には「子どもたちの心の声は表情に表れているのではないか？」と考え，スナップ写真を撮影することで，写真に写る子どもたちの表情から心理面を読み取る作業を行いました。ところがこのやり方では読み取れる心理面に限りがあること，また読み取る調査者の主観によってとらえ方が変わってしまい，子どもたちが本当に感じていることや心理面をミスリードしかねないという課題に直面しました。

そこでほかに子どもたちの心理面をとらえる方法はないかと検討を進めるなかでたどり着いたのが３章で紹介した発達心理学における「発話（子どもたちが発することば）分析」でした。発話には子どもの頭に浮かんだ考えや気持ちが表れます。例えば，「冷たい」や「気持ちいい」という発話は，刺激を受けて感情を表現することばであり，「感受性」を表していると考えられます。このことばが発せられたとき，子どもたちの頭の中では間違いなく「冷たい」や「気持ちいい」という感覚が生まれていて，「感受性」が磨かれているわけです。

本研究ではこのような要素を，子どもたちが水辺で遊ぶことで育成される能力や資質として読み取ることにしました。読者の皆さんの中には「頭に浮かんだことはわかるけど，育まれる力とは違うのではないか」と思う方がいるかもしれません。確かにその場で初めて培ったとは言い難いかもしれません。ただし，子どもたちは覚えたことや見聞きしたことを繰り返し実践することで身につけるものであり，発話が記録された水辺はそのような経験の場になっている

水辺で遊んでいる子どもたちの様子

と考えられます。そういう意味で育成に寄与しているととらえることにしました。

5-2 発話の調べ方

調査方法

◎発話記録の方法

発話の記録では，心の声がどのような形で表現されているかすぐにはわからないため，まずは水辺で遊んでいる子どもたちの会話やことばをすべてそのまま記録することにしました。また，記録の対象は子どもになりますが，大人との会話の中で発せられるものも多く，その前後関係で意味が理解できることもありますので，大人の発話も一緒に記録しました。一つの発話は，会話の話し手が変わるところで区切りますが，長く話し続ける場合は長文となりすぎないよう分割して記録するようにしました。

発話記録とスナップ写真撮影事例

なお，欲しい情報を効率的に集める方法として，インタビュー形式による調査がありますが，このやり方は誘導的となり，子どもたちの純粋な心の声が引き出せない可能性があると考え，本研究では扱いませんでした。

このような考え方に基づき，フィールド調査にて子どもたちの発話を記録していきました。記録の仕方にはビデオカメラやICレコーダーを用いる方法もありますが，これらの音声は後で聞き直しても何を言っているのかわからないことがよくあります。不思議なことですが，その場で実際の子どもたちの行動と併せて聞いたほうが，聞き取れる内容も多くなるのです。

そのため，フィールドでの作業量が膨大にはなりますが，聞き逃しを避けるためにも一つ一つ手書きにて発話を記録することにしました。

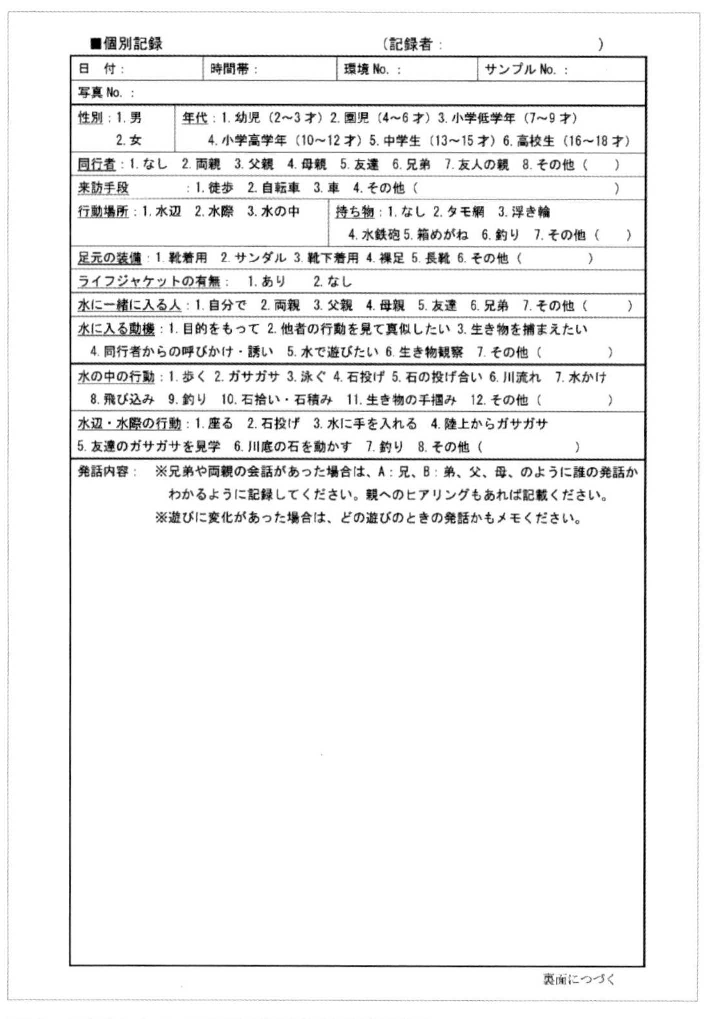

■個別記録　（記録者：　　　　）

日　付：　時間帯：　環境 No.：　サンプル No.：

写真 No.：

性別：1. 男　2. 女

年代：1. 幼児（2～3才）2. 園児（4～6才）3. 小学低学年（7～9才）4. 小学高学年（10～12才）5. 中学生（13～15才）6. 高校生（16～18才）

同行者：1. なし　2. 両親　3. 父親　4. 母親　5. 友達　6. 兄弟　7. 友人の親　8. その他（　　）

来訪手段：1. 徒歩　2. 自転車　3. 車　4. その他（　　）

行動場所：1. 水辺　2. 水際　3. 水の中

持ち物：1. なし　2. タモ網　3. 浮き輪　4. 水鉄砲 5. 箱めがね　6. 釣り　7. その他（　　）

足元の装備：1. 靴着用　2. サンダル 3. 靴下着用 4. 裸足 5. 長靴 6. その他（　　）

ライフジャケットの有無：　1. あり　2. なし

水に一緒に入る人：1. 自分で　2. 両親　3. 父親　4. 母親　5. 友達　6. 兄弟　7. その他（　　）

水に入る動機：1. 目的をもって 2. 他者の行動を見て真似したい 3. 生き物を捕まえたい　4. 同行者からの呼びかけ・誘い　5. 水で遊びたい 6. 生き物観察　7. その他（　　）

水の中の行動：1. 歩く 2. ガサガサ 3. 泳ぐ 4. 石投げ 5. 石の投げ合い 6. 川流れ　7. 水かけ　8. 飛び込み　9. 釣り　10. 石拾い・石積み　11. 生き物の手掴み　12. その他（　　）

水辺・水際の行動：1. 座る　2. 石投げ　3. 水に手を入れる　4. 陸上からガサガサ　5. 友達のガサガサを見学　6. 川底の石を動かす　7. 釣り　8. その他（　　）

発話内容：　※兄弟や両親の会話があった場合は、A：兄、B：弟、父、母、のように誰の発話かわかるように記録してください。親へのヒアリングもあれば記載ください。
※遊びに変化があった場合は、どの遊びのときの発話かもメモください。

裏面につづく

図２　子どもたちの行動記録票「個別記録」

発話の記録対象は，全体の利用者の中から，できるだけ性別や年齢，グループ構成に偏りが生じないように選び，どのようなグループであったかを併せて記録しました。また，発話が記録されたときの行動内容も併せて記録しました。これらは，「子どもたちの行動記録票（個別記録）」（**図 2**）を作成し，記録しました。

子どものたちの行動記録票

■全体概要

1時間に1回、毎正時に記録する。

各環境の写真も撮影する。

また、利用者の概ねの人数も記録する。同行者はここでは記録しない。

河川名：	場所：	
日　付：	時間帯：	天気：
気温：（　　）℃　水温：（　　）℃	水の状況：1. 澄んでいる　2. 濁っている　3. 中間	

利用者の構成：　※定点写真撮影を行うが、10分程度で記録を試みる。

■水の中（公園）

年齢	環境①		環境②		環境③	
	男児	女児	男児	女児	男児	女児
幼児（2~3才）						
園児（4~6才）						
小学低学年（7~9才）						
小学高学年（10~12才）						
中学生（13~15才）						
高校生（16~18才）						

■水辺

年齢	環境①		環境②		環境③	
	男児	女児	男児	女児	男児	女児
幼児（2~3才）						
園児（4~6才）						
小学低学年（7~9才）						
小学高学年（10~12才）						
中学生（13~15才）						
高校生（16~18才）						

■水の中（公園）

年齢	環境④		環境⑤		環境⑥	
	男児	女児	男児	女児	男児	女児
幼児（2~3才）						
園児（4~6才）						
小学低学年（7~9才）						
小学高学年（10~12才）						
中学生（13~15才）						
高校生（16~18才）						

■水辺

年齢	環境④		環境⑤		環境⑥	
	男児	女児	男児	女児	男児	女児
幼児（2~3才）						
園児（4~6才）						
小学低学年（7~9才）						
小学高学年（10~12才）						
中学生（13~15才）						
高校生（16~18才）						

図3　子どもたちの行動記録票「全体概要」

また，例えば「発話なし」というデータが得られた場合に，利用者が多かったにも関わらず発話がなかったのか，あるいは利用者がいなかったからなかったのかでは意味合いが異なります。そのため，1時間ごと（おおむね毎正時）に1回，全体の利用者数も記録しました。これらを抜かりなく記録するため，「子どもたちの行動記録票（全体概要）」を作成し，記録しました（**図3**）。

あとは，発話があったときの行動や環境がわかるように，できるだけ写真撮影も行いました。

◎子どもの年齢区分

子どもの年齢は行動記録票の年代欄に示すように，幼児，園児，小学校低学年，小学校高学年，中学生，高校生の六つの区分としました。これは発達心理学における発達段階の区分[1)]とは若干異なりますが，本研究では乳幼児期よりも児童期以降の子どもたちを重点的に見ていきたいという思いから，児童期・青年期を細分化する区分としました（**表1**）。

表1　子どもの年齢区分の定義

年齢	発達心理学の区分	本研究での区分
0歳　～2歳ごろ	乳児期	幼児
2歳　～4歳ごろ	幼児前期	
4歳　～5歳ごろ	幼児後期	園児
5歳　～9歳ごろ	児童期	小学校低学年
9歳～12歳ごろ		小学校高学年
13歳～15歳ごろ	青年期	中学生
16歳～19歳ごろ		高校生

調査場所

調査は2年間で実施しました。1年目の調査（2016年実施）では，水辺のみに着目し，都市部における自然的な水辺と，自然の良さを把握するための比較対照として人工的な水辺を対象としました。ここで，人工的な水辺とは，人為的に流量をコントロールしている水辺と定義しています。したがって，護岸などが整備されていても流量のコントロールがされていなければ自然的な水辺として扱っています。また，自然的な水辺は，都心から遠く元々自然豊かな川（都市の子どもたちにとって非日常的な渓流部，上流域の河川や湖沼）や海岸，水辺での遊びが限定的となる河口部の河川は対象外とし，都市部の子どもたちが身近に接し，遊べるような都市部の中小河川の水辺を対象としています。

具体的には，利用の多い代表的な場所として以下の３か所としました。

① 自然的な水辺
落合川（東京都東久留米市），野川（東京都三鷹市）の２か所
② 人工的な水辺
野々下水辺公園（千葉県流山市）の１か所

１年目の調査では，人工的な水辺に比べて自然的な水辺の良さを把握することはできます（この違いは２年目のデータと併せて「5-4　水辺遊びは「生きる力」を育んでいた」に掲載）。ただし，水辺だけを対象にしていたため，「水辺ならでは」の効果なのか，陸上の公園でも得られるのかがわかりませんでした。

そこで２年目の調査（2019 年実施）では，比較対照として「陸上」も含めた調査を実施し，「水辺ならでは」の発話の特徴を見出そうと試みました。

具体的には，１回目に実施した３か所に加え，緑や芝生の多い自然公園，また比較的木々の少ないまちなかの人工的な公園を含む６か所を対象としました。

① 自然的な水辺
落合川（東京都東久留米市），野川（東京都三鷹市）の２か所
② 人工的な水辺
野々下水辺公園（千葉県流山市）の１か所
③ 自然的な公園
六仙公園（東京都東久留米市），野川公園（東京都三鷹市）の２か所
④ 人工的な公園
四季野公園（千葉県流山市）の１か所

落合川 （自然的な水辺）	野川 （自然的な水辺）	野々下水辺公園 （人工的な水辺）
六仙公園 （自然的な公園）	野川公園 （自然的な公園）	四季野公園 （人工的な公園）

調査場所の状況

調査時期・時間

水辺における子どもたちの親水活動は，夏季に多いと考えられますが，季節的な違いの有無も把握できるように春～秋に調査時期を設定しました。

1回目の調査（2016年実施）は，冬季を除く春季，夏季，秋季に設定しました。また，平日と休日の違いについても把握できるよう，各季節において，平日，休日それぞれ1日ずつ，合計6日間としました。

2回目の調査（2019年実施）は，効率的にデータを収集することに主眼を置き，利用が多い夏季に平日と休日それぞれ2回ずつ合計4日間を基本としました。また，季節的な利用や発話の違いも確認できるよう，比較的利用の多い秋季の休日にも1回実施し，合計5日間の調査としました。

調査時間は，時間帯による利用の違いを把握するため，10：00～17：00とし，時間帯ごとの発話も集計できるように記録しています。

調査実施状況

調査実施状況は**表2**のとおりです。いずれもとても天気が良く，多くの子どもたちが遊んでいました。水辺での遊びは夏ばかりだと思っていましたが，調査をしてみると連休明けの5月中～下旬にも遊んでいる子どもたちが見られました。また, 暑さのピークを過ぎた10月下旬～11月上旬も人数は減るもののまだまだ水辺の需要は続くようで，遊んでいる子どもたちを確認することができました。

一度，楽しさを知った子どもたちは，夏の到来を今か今かと待ち遠しく，また秋になってもできるだけ長く遊び続けたいと思い，寒い冬の季節以外は年中遊んでいるのかもしれません。

表2　対象地点及び調査実施日

対象地点		2016年						2019年				
		春季		夏季		秋季		夏季				秋季
自然的な水辺	落合川	5/19	5/21	8/26	9/3	10/14	10/15	8/13	8/24	8/26	9/8	11/3
	野川	5/19	5/21	8/26	9/3	10/14	10/15	8/18	8/25	9/2	9/24	11/4
人工的な水辺	野々下公園※	5/19	5/21	8/26	9/3	10/14	10/15	8/5	8/19	9/1	9/7	11/2
自然的な公園	六仙公園	-	-	-	-	-	-	8/4	8/13	9/1	9/25	10/20
	野川公園	-	-	-	-	-	-	8/25	8/27	9/7	8/18	10/27
人工的な公園	四季野公園	-	-	-	-	-	-	8/5	8/19	9/1	9/7	11/4

桃色：休日　白色：平日　※以下，野々下水辺公園は「野々下公園」と表記

5-3 記録した発話の概要

ここでは，水辺と公園での発話記録人数と発話記録回数について，全体的な傾向を把握することを目的として，年度別，季節別，年齢別，場所別に整理しました。

年度別の発話記録

今回の調査で記録した発話の人数は，合計で 1,081 人（2016 年：390 人 2019 年：691 人），発話記録回数は延べ 4,408 回（2016 年：1,634 回　2019 年:2,774 回）でした。各地点別，年度別の発話記録人数は**図 4**，発話記録回数は**図 5** のとおりです。

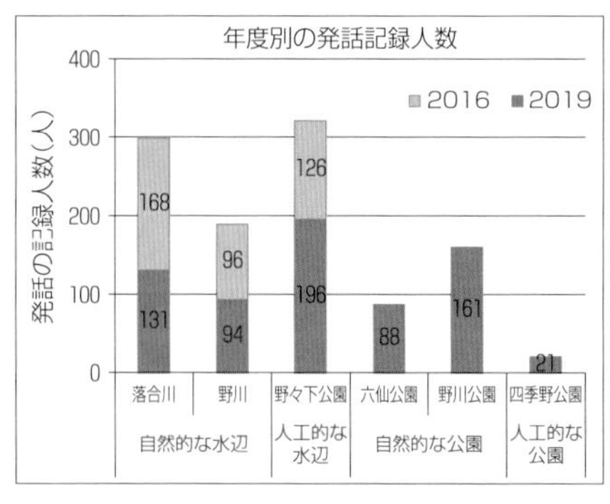

図４　年度別の発話記録人数

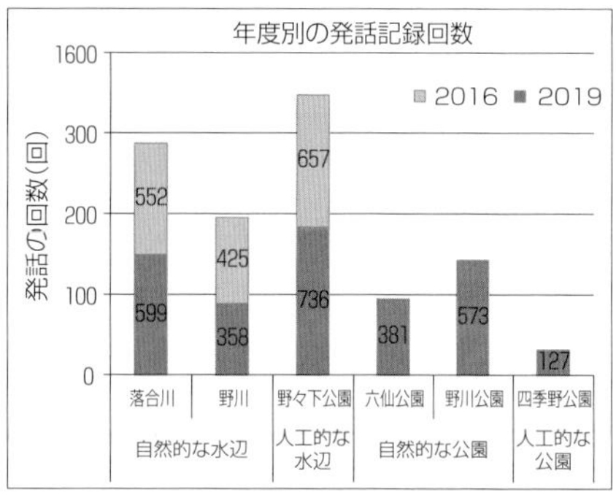

図５　年度別の発話記録回数

季節別の発話記録

2 回目調査（2019 年）での季節別の発話記録人数を**図 6** に示します。

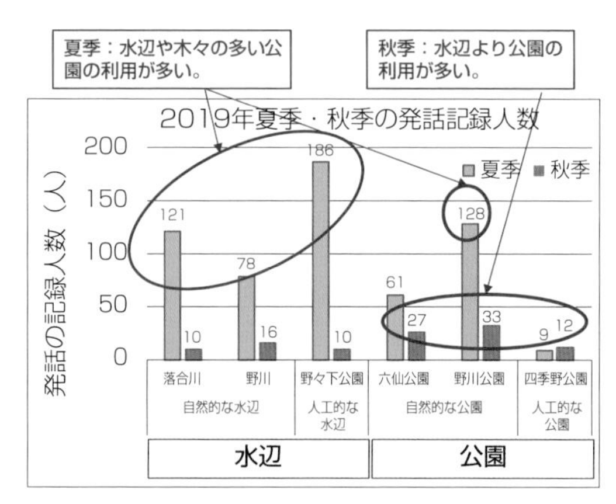

図６　季節別の発話記録人数

夏季と秋季では調査日数が異なるため，絶対値の単純比較はできませんが，夏季は水辺や木々の多い自然的な公園での発話記録人数が多く，秋季は水辺よりも公園での人数が多い傾向が見られました。

夏季は気温が高いため，避暑効果のある水辺や日影のある自然的な公園の利用が多かったものと考えられます。

逆に気温・水温が低くなる秋季は，日常的に親しんでいるスポーツ活動などが行いやすい公園のほうが，より活動が活発になり，利用も多くなったと考えられます。

年齢別の発話記録

それぞれの調査地点における年齢別の発話記録人数を**図7**に，また年齢別の構成割合を**図8**に整理しました。

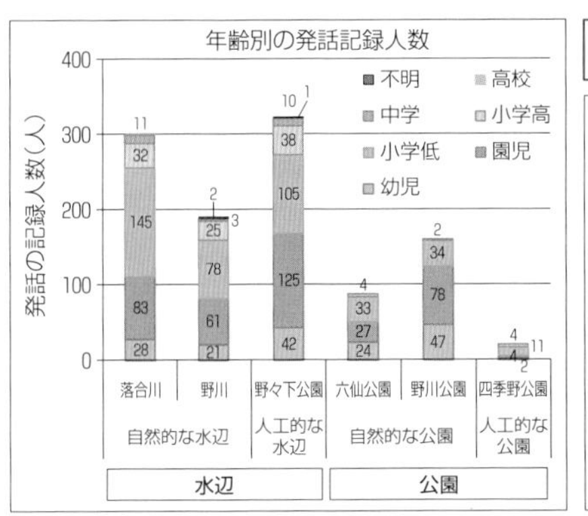

図7　年齢別の発話記録人数

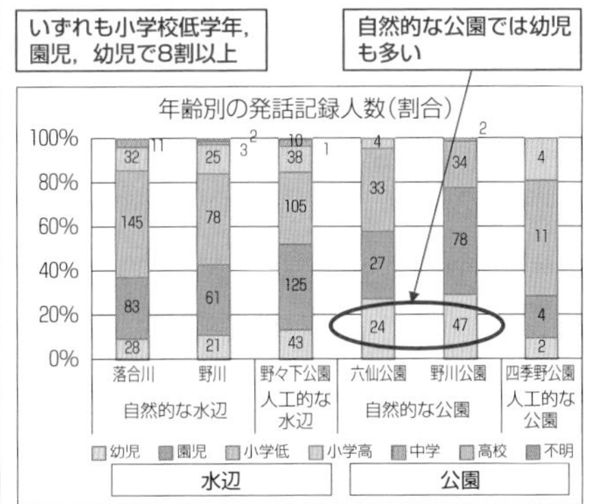

図8　年齢別の発話記録人数（構成割合）

水辺では小学校低学年や園児の人数が多く，公園では小学校低学年，園児に加え，幼児の人数も多くなっています。身体的に幼い幼児は，親と一緒に訪れていますが，親のリスク管理の観点で日常生活と大きな隔たりがなく，より安心感が得られる公園の利用が選択されたものと考えられます。そのほか，水辺，公園ともに高学年に比較して低学年で人数が多いことが，共通する特徴として見られました。

場所別の発話記録

調査地点別の発話記録人数と回数を**図9**に整理しました。

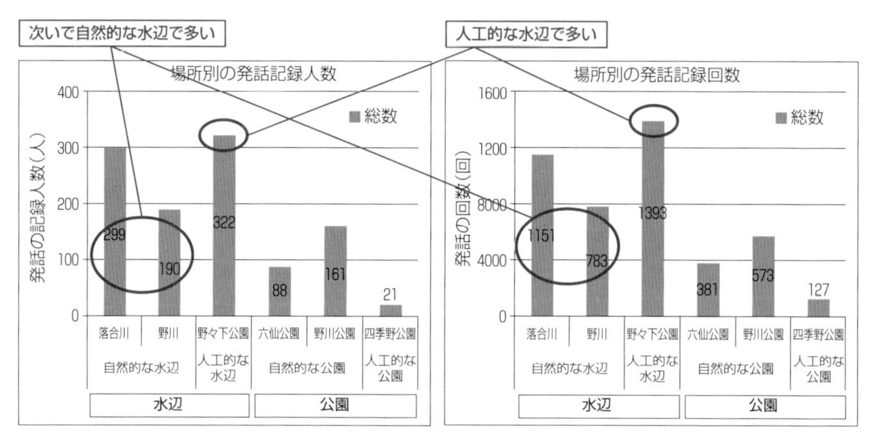

図9　場所別の発話記録人数と発話記録回数（左：人数，右：回数）

場所別発話記録人数と発話記録回数は，ほぼ同じような傾向を示しており，人工的な水辺で最も多く，次いで自然的な水辺で多くなっています。発話記録回数は調査回数や確認された利用人数によって連動している状況でしたので，一

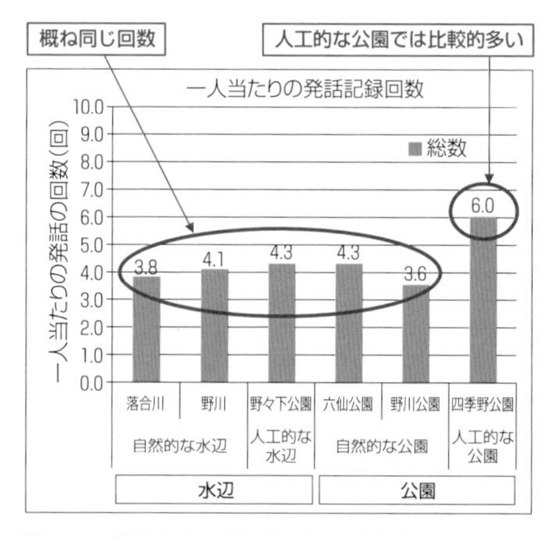

図10　場所別の発話記録回数（一人当たり）

人当たりの場所別の発話記録回数を算出してみました（**図10**）。これを見ると，人工的な公園以外は3.6～4.3回/人となっており，子ども一人から聞き出せた発話の回数はいずれの場所も概ね同じ状況でした。人工的な公園はやや多く6.0回/人でしたが，これは暑くて利用者が少なかったため，子ども一人にかけられる時間が長くなり，結果として一人当たりから聞き出せた発話が増えたためと考えています。

このように子どもたちは，水辺や陸上の公園，あるいは自然的な空間や人工的な空間に限らずどこの場所であっても同じようにおしゃべり(発話)をしながら遊んでいることがわかりました。

5-4 水辺遊びは「生きる力」を育んでいた！

子どもたちは水辺での遊びを通じてどんな能力や資質を育んでいるのか，子どもたちの発話の内容を一つ一つ分析することで探ってみました。

遊びで育まれる能力や資質

分析にあたり，まず子どもたちが育む可能性のある能力や資質にはどのようなものがあるのかについて，以下のとおり定義しました。

基本的には，先行研究の事例[2)]を参考としましたが，発話の内容を見ていると，それらに該当しない新しい能力を示唆するものもありました。その場合は新たな能力･資質として追加する方針とし，最終的に**表3**に示す4分類，計17種類を可能性のある能力，資質としました。

この中には，目標に向かって頑張る力，ほかの人とうまく関わる力など，IQのように数値化できない内面の力を表す非認知能力もありますし，特に今回の研究では，新たな能力として課題解決力を加えました。これは，発話の中に「メタ認知」を示すことばが含まれていたためです。

「メタ認知」とは，発達心理学の分野で用いられるもので，ものごとを俯瞰的かつ客観的にとらえ冷静に分析すること，また状況の改善に向けてプランを立

表3　育まれる可能性のある能力や資質

分類	能力・資質	定義	発話例
①自分の行動	身体性	体力，運動能力。	・こうやって降りるんだよー。
	感受性	刺激を受けて，感情を引き起こす力。自然の変化や生き物の生死に関すること，気持ちよさ（快・不快）や疑問（不思議）に関することなど。比較するような表現も含む。	・冷たくて気持ちいい。 ・ぬるぬるして気持ち悪い。
	創造性	経験をつなぎ合わせて加工し，新しいものを付け加える力。創造的想像として，類推（比喩：直喩，隠喩），因果推論（仮説・検証）を含むもの。	・ジェットコースターみたいでしょ。 ・カエルの怪獣がいた。 ・（水鉄砲の水を上に飛ばして）雨だ！雨だ！
	挑戦性	できるようになるまで意欲的に取り組むこと。	・もう１回やりたい。 ・ザリガニ見つけたい。 ・再挑戦だー。
	主体性	自分から進んで活動することができること。	・よし，いいこと思いついた。こうしよう。 ・僕がやるー。
	安全性	リスクやそれを回避すること。	・大変滑りやすくなっております。 ・行ける？落ちちゃうかもよ。
	自律性	やりかけたことは（途中で飽きても）最後までやり遂げようとすること。	・水に入っちゃダメなのにねー。 ・俺あと 15 分で帰るね。
	忍耐力	我慢する力。たとえば，転んだときに痛みを我慢すること，疲れたけど自分で歩こうとすることなど。	・痛いっ！いいこと思いついた！よし OK! ・豆がつぶれそうだ。 ・石がささって痛い！（でも歩いている）
	免疫力	笑い声（共感，面白さ，楽しさを表す）。	・わっはっは，はっはっは。
②人との関わり	社会・協調性（相手に合わせる）	人と関わって関係性から生じる事柄。協力したり，相手を制御したりすることば，お願いすることば，お互いを尊重することば。ルールに関するものやけんか・仲直りも。	・水あったかいよ。 ・いいよ！ ・いくよー。 ・よし捕ろっかー！
	交渉力（自分に合わせる）	提案を人に伝える力。欲求をかなえるために親や友達とかけあう言葉。	・１回だけ網貸して！ ・みんな持つの交代してよ。 ・パパあっちいきたい！
	共感性（おもいやり）	他人の身の上や心情に心を配ること。また，その気持ち。同情。	・急がなくて大丈夫だよ。 ・こっちの石ととりかえる？ ・水につけないと死ぬよ？（ザリガニを）
③ものとの関わり	水に関する知識	流れ，水圧，水温の変化，土砂の運搬など，水に関すること。	・こっちの水は冷たい。 ・流れがはやい。 ・お，ここ流れないじゃん。たまっている。
	生物に関する知識	生きものの名前や生態に関すること。	・これ，コオニヤンマだよ。 ・一緒に入れたら死んじゃうよ。
	ものに関する知識	石や土，道具，自然環境（風・天気）など，物に関すること。	・水色に見える石が，水の中から出すと黒色なんだ。
	運動に関する知識	スポーツ，運動の競技名，ルール，やり方など。	・サッカーしよう。 ・キーック。 ・打つよー。
④課題解決力		葛藤場面で打開する力。また，生じていることを冷静かつ俯瞰的に客観視し，目的に向かってプランを立て直す提案力，制御力を含むものとする。メタコメント（※）を抽出することで評価する。※事象に対して状況をとらえて解説したり批判したりすることば。後ろにプランの言葉がくる。	・皆でかたまって見つからないんだから分かれて探したらいいんじゃない？２人ずつで探そう。 ・魚がいるのは見つかりにくいところだからね。中のほうをごそごそするんだよ。 ・人がいるから，やめよう。

て直すことを表します。これは，現状の課題を認識し解決しようとすることであり，まさに課題解決力を表していると思います。このような課題解決力は，発話に着目したからこそとらえることができた要素ではないかと考えています。

自然的な水辺で育くまれる「生きる力」

発話分析では，フィールド調査で得られた4,408回の発話一つひとつについて，どのような能力や資質が含まれるかを分析しました。そして，場所ごとにその回数を集計し，場所別の比較ができるように発話率（場所別の総発話回数に占める能力・資質別の発話回数）を算出してみました。

その結果，いずれの場所においても，さまざまな能力や資質を育んでいることがわかりましたが，中でも「創造力」や「課題解決力」，「生物に関する知識」，「水に関する知識」は公園よりも水辺での発話率が高く，より育成されやすいことがわかりました。特に「創造力」や「課題解決力」といった非認知能力については，人工的な水辺よりも自然的な水辺でより育めることが明らかになりました（**図11**）。

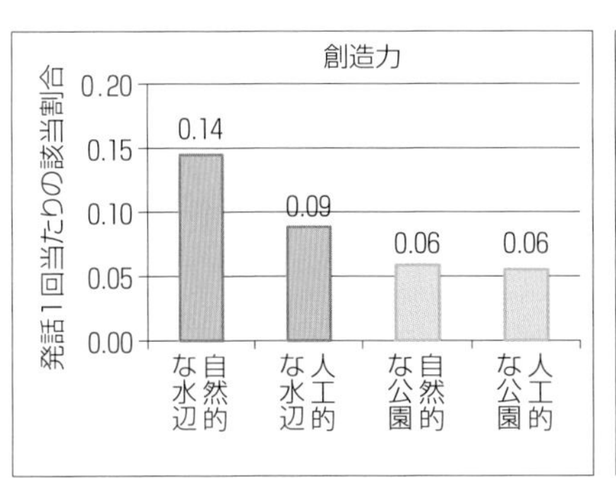

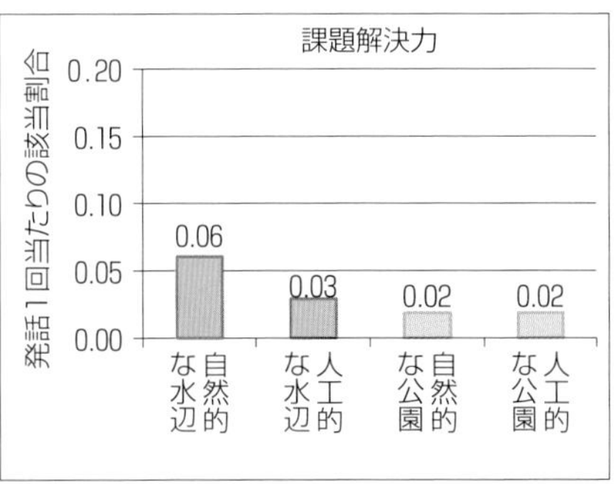

図11　創造力や課題解決力の場所別の発話率

「創造力」は，これまでの知識を組み合わせて新しいものを発想するもの，比喩的な表現も含むもの（想像的創造ともいう）として定義していますが，水辺では公園よりも変化に富む多様な環境が存在し，それらが表現力を豊かにし，かつ新しいものを創造するような発想力を身につける場になっているものと考えられます。また「課題解決力」については，公園は比較的安全性を感じられる環境であるのに対し，水辺ではより自然の力が感じられ，時として危険な思いや多種多様な生き物との触れ合いによって，どうやって安全に移動するか，どうやって生き物を捕まえるかなどさまざまな課題に直面するチャンスとそれを乗り越える経験の場になっているものと考えられます。

なお，「身体性」，「感受性」，「挑戦性」，「主体性・積極性」，「安全性」，「自立性」，「忍耐力」，「免疫力」，「社会性・協調性」，「ものの知識」については，水辺と公園に明確な違いは見られず，どちらでも同じように育成されるものと考えられます。

逆に「交渉力」や「おもいやり」，「運動に関する知識」は公園での発話率のほうが高い結果となりました。「運動に関する知識」は，自由に走り回れる公園のほうが水辺より身につけやすいと思います。また，比較的安全性が高い公園では，心にも余裕が生まれ，相手を励ます「おもいやり」の気持ちや自己主張をする「交渉力」が育まれているものと考えられます。

以上のように，子どもたちの心の声を踏まえて育成効果を分析した結果，水辺では「創造力」や「課題解決力」，「生き物に関する知識」，「水に関する知識」が育成されやすいこと，特に自然的な水辺では，「創造力」と「課題解決力」が最も育成されやすいことが明らかになりました。また資質や能力によっては，公園と同等，あるいは公園のほうが育成されやすいものもあることが明らかになりました（**図 12**）[3]。

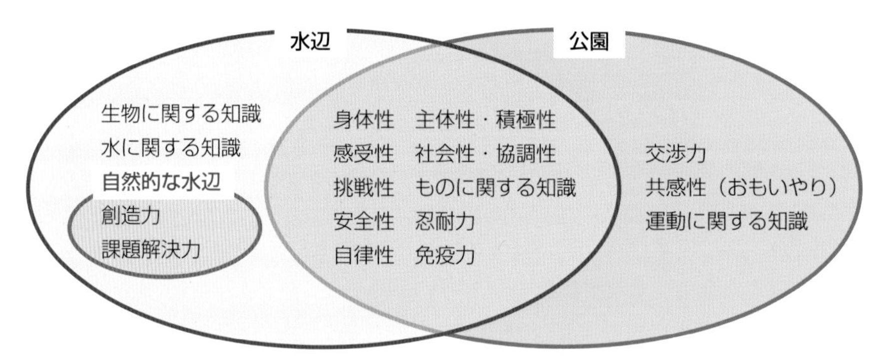

図 12　水辺や公園で育まれる能力や資質

5-5 水辺で出会った あんな子ども，こんな子ども

フィールド調査では，子どもたちの発話を通して「非認知能力」（目標に向かって頑張る力，ほかの人とうまく関わる力など，IQのように数値化できない内面の力）が育まれている様子が把握できました。その中には，感心したり，または思わず吹き出してしまうようなものも?!

ここでは，そんな子どもたちの生態を数例紹介します。

事例1：2016年 夏季平日 落合川にて
（関連する非認知能力：社会性）
（状況：上流からそれぞれ浮き輪で流れてきた少年たち二人が…）

2016年　夏季平日　落合川にて

A：ねぇ君何歳？

B：5歳！

A：君背高いね，5歳なのに。オレ7歳。

B：どこ幼稚園？

A：みどり幼稚園。

B：弟が落合幼稚園行ってるよ。どこ小学校？

コメント：お互い初対面ながらも，同じ遊びを一緒にすることで親近感が芽生えたのでしょうか。こんな微笑ましい出会いと交流の 1 シーンが見られました。

事例 2：2016 年 夏季平日 東大宮親水公園（埼玉県さいたま市）にて（関連する非認知能力：感性） （状況：子どもたちが岸から水面のアメンボの群れを眺めている）

2016 年　夏季平日　東大宮親水公園にて

A：泥水いっぱいだからアメンボ多いのかな？

B：何かさー。赤ちゃんアメンボがいるよー。お兄ちゃんもいるよー。足が二つしかないアメンボもいるー。

A：王国みたいだね。何かさー。アメンボ王国みたいだね。

B：アメンボいっぱい。

コメント：大人になるとアメンボの群れを見ても感動したりはしませんが，子どもたちは大興奮。こんなに多くのことを感じ取り，ついには王国まで想像してしまったのでした。

事例3：2019年 夏季平日 落合川にて
（関連する非認知能力：創造力）
（状況：浮き輪で流れながら木に水鉄砲で水を当てるゲームをしている）

2019年　夏季平日　落合川にて

B：BはAより重いから動きにくいよー。
B：ここからはじめよう，ヨーイ，スタート！
C：紐があればなあ。
A：その前に（水鉄砲でアーチを作り），お通りください，Bよろしくお願いします。
C：じゃ今から石投げをします。
A：なんで石投げなの？
C：えー，あ，ねえ聞いて。
C：今から石投げのルールを説明します。
C：ルールはどっちのほうが遠くまで投げられるかです。
C：はい，じゃ投げて，私には投げないで。

コメント：水辺のさまざまな環境を利用して，次々に遊びを考え出していきます。一見収拾がつかなくなりそうですが，子どもたちは不思議に適応していきます。

事例4：2019年 夏季平日 落合川にて
（関連する非認知能力：挑戦力）
（子どもたちが堰の上から水の中にジャンプしている）

2019年　夏季平日　落合川にて

B・C：せーの，ジャーンプ！
D：次だれー？
C：いいよー。
A：よし次行けー！
B：あーちょっと待って助けて。
C：もう一回もう一回。
C：私大きくやりたい。
B：私慣れてきた。
D：大丈夫だよ，さっき泳いだ感じいけるよー。
A：みんな泳いで（堰まで）いこうよ。
D：ねーここ温かいんだけど何これ（堰の直下で）。
B：（堰の上から）こわい，でも飛んでみよう。
A：みんなポーズとジャンプしよう！

コメント：できなかったことがだんだんできるようになり，さらに高次のステップを目指して，友達と励ましあい，楽しみながら挑戦している様子がよくわかります。

5-6 子どもが遊び，学ぶ水辺の形

親水活動を促進する水辺の指標

河川の親水性向上のための整備が全国各地に広がりを見せるようになってからは，これまでにも安全かつ快適に親水活動が行えるような流速や水深，のり面勾配などの河道特性や水質条件などがさまざま研究されてきました。既往の調査・研究では，子どもの遊びに関係の深い水辺の指標として**表 4** のように整理されています。

ここで，本研究では子どもの目線を取り入れることに主眼を置き，心の声を表す発話を分析することで「創造力」や「課題解決力」が育まれることを明らかにしてきました。では，このような能力を身につけるためには，どのような水辺の形が必要なのでしょうか。

そこで，「創造力」や「課題解決力」に関する発話が確認された地点を改めて調査し，**表 4** の指標と合致するかどうかを精査してみました。また，本取り組みならではの新しい要素がないかについても併せて確認しました。

表 4 の指標との精査結果を**表 5** に示します。

表4　子どもの遊びに関係する水辺の指標の例

指標項目		指標値など	出典
のり面勾配 (芝生張りの場合)		～ 1/5：利用率低い ・利用状況：座る，寝転ぶ，語る，眺める，土手滑り(芝滑り)，読書	1)
		1/5 ～ 1/10：利用率高い ・利用状況：座る，寝転ぶ，散策する，語る，集う，軽い運動 (ジョギング，鬼ごっこ，うまとび，キャッチボール，バレーボールなど)	
		1/10 ～ 0：利用率高い(広場中心部利用は低い) ・利用状況：散策する，観察する(植物観察，昆虫観察，草つみ，虫とり)，軽い運動(ジョギング，鬼ごっこ，うまとび，キャッチボール，バレーボールなど)，さまざまな催し物など	
流速		0.2m/s 以下 (幼児の水遊び，魚とりなど)	1) 2)
		~0.5m/s (川の中を歩く，水泳)	
		~0.6m/s (ボート遊びや水遊びの限界)	
水深		~0.3m (幼児の水遊び，魚とりなど)	1) 2)
		~0.6m (小学生の水泳など)	
水際	接近しやすさ	のり面勾配　1/1.7 以上 (階段)	2)
		のり面勾配　1/ 4 以下 (安全)	
	水際部の安定性	崩壊の危険がない	
	水面からの高さ	~0.5m：水面に触れる活動	
		~1m：水中に入る活動	
		高すぎない：釣りなどの触れなくてもよい活動	
自然	魚類が生息する	魚類の生息環境として良好・瀬や淵がある・藻や水生昆虫が豊富	2)
	遊ぶ場所がある	湿地部があるワンドがある	
		面積：0.6 ～ lm^{2}/1 人	
	入水しても安全である	有害生物がいない	
水質	ゴミの量	目につくが我慢できる	3)
	透視度	70cm 以上	
	川底の感触	不快感がない	
	水のにおい	不快でない	
	糞便性大腸菌群数	1,000 個 /100ml 以下	
水温 (参考)		22℃以上	4)

1) 財団法人リバーフロント整備センター編 (1995)『川の親水プランとデザイン』山海堂
2) 建設省土木研究所河川部都市河川研究室 (1985)「通常時の河川における人間活動 (親水活動) と河川構造調査報告書」『土木研究所資料』第 2206 号
3) 国土交通省河川局河川環境課 (2009)「今後の河川水質管理の指標について (案)」【改訂版】から「川の中に入って遊びやすい」 (ランク b) としているものを整理した
4) 遊泳用プールの衛生基準について
(厚生労働省 HP：https：//www.mhlw.go.jp/web/t_doc?dataId=00tc1079&dataType=1&pageNo=1)

表5　現地状況の調査結果

項目		落合川 (自然的な水辺)	野川 (自然的な水辺)	野々下水辺公園 (人工的な水辺)
のり面勾配（陸域）		・なだらかな広場	・土羽　30°～なだらか ・護岸　1割勾配	・なだらかな広場
流速	流心	0.56～1.18m/s	0.20～0.75m/s	0.00～0.63m/s
	水際	0.04～0.44m/s	0.00～0.70m/s	0.05m/s
	ワンド	0.00～0.07m/s	—	—
	その他	—	0.17～0.67m/s	—
水深	流心	0.14～0.41m	0.04～0.30m	0.00～0.30m
	水際	0.09～0.23m	0.04～0.30m	0.00～0.30m
	ワンド	0.07～0.09m	—	—
	その他	—	0.04～0.30m	—
水際	接近しやすさ	・なだらか（広場と連続） ・階段 ・水際に植生（一部繁み）あり ・柵を越えて水辺に近づくところあり	・土羽　30°～なだらか ・護岸　1割勾配 ・草をかき分けて水際に行くところあり	・なだらか ・石積み
	水面からの高さ	・なだらかなところで0～0.1m程度 ・0.45m程度の落差あり	・なだらかなところで0.15～0.20m程度 ・0.50～0.80m程度の落差あり	・なだらかなところで0.20m程度 ・石積みで0.35m程度
自然	瀬・淵など	・平瀬，ワンド，中州	・早瀬，平瀬，トロ，中州，湧水からのせせらぎやその合流点	・人工的な石積みの池 ・平瀬，湿地，細流
	生物の生息※※	・ウグイ，ザリガニ，アメンボなど	・魚，マシジミ，ハグロトンボ，カワニナ，ヤゴ，ザリガニ，バッタ，カモなど	・ザリガニ，バッタ，カエル，カモなど
	河床材料※※	・小0.5～2cm，大5～10cmの礫 ・浮石で，足場が不安定	・1～10cmの礫，一部泥，15cm程度の礫あり ・浮石	・2～3cmの礫，浮石 ・泥，1cm程度の礫，沈み石
	急な深み※※	・なし	・ほとんどなし（一部に深みあり）	・なし ・泥にはまる可能性あり
水質※	ゴミの量	A	A	A・B
	透視度	A	A～C	A
	川底の感触	A	A・B	A・B (一部止水域でC)
	水のにおい	A-B	A-B	A-B

□：表4の指標と概ね整合している現地状況

※：水質　ゴミの量　：A：川の中や水際にゴミがない，B：川の中や水際にゴミがあるが我慢できる，C：ゴミがあって不快，D：ゴミがあってとても不快

透視度　：A：100cm以上，B：70cm以上，C：30cm以上，D：30cm未満

川底の感触：A：快適，B：不快感がない，C：不快

水のにおい：A-B：不快でない，C：水に鼻を近づけると不快，D：水に鼻を近づけるととても不快

※※：表4の項目以外で，現地で確認した状況

これを見ると概ね整合しており，従来から考えられてきた指標は，子どもたち目線の環境条件としても有用であることがわかりました。また，細かく分析してみると以下のような面白いこともわかってきました。

流速は，流れの流心部など一部の地点で流速 0.6 m/s を超える地点がいくつか見られましたが，**図 13** に示すように，ほとんどの地点は流速 0.6 m/s 以下に収まっており，**表 4** の指標の範囲内にありました。

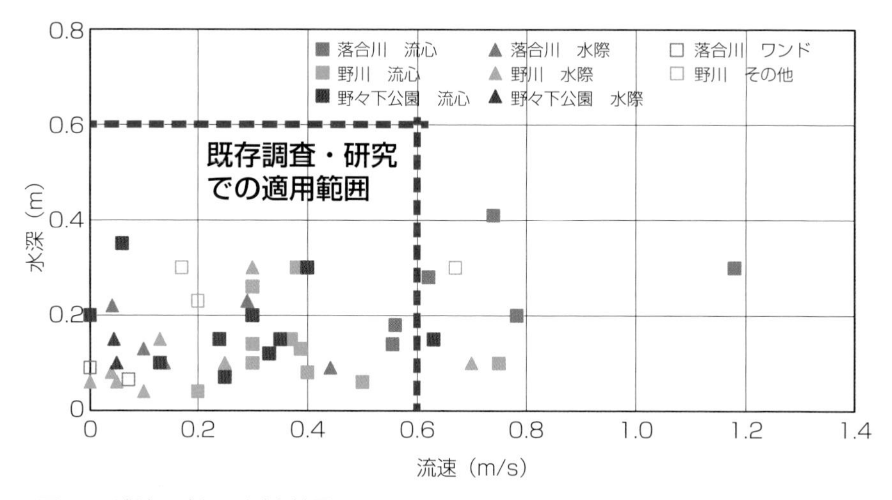

図 13　流速・水深の測定結果

水際の接近しやすさでは，柵を乗り越えて水際に近づく地点や，水際に植生の繁みがあるところ，草をかき分けて近づく地点など，やや近づきにくい環境も目立ちました。魅力的な川遊びができる場所では，子どもたちは多少の難を乗り越えてでも川に入っていくのが実態のようです。ただし，柵を乗り越えるなど度を過ぎる場合は改善を検討することも必要だと思います。

河床材料は，いずれも浮石状態の礫で構成されており，自然的な河川（落合川，野川）では大きなもので 10 ～ 15 cm 程度の礫がありました。河床が不安定で，歩くとグラグラする揺れを体験できること，石投げや石の積上げなど遊びにちょうどいい大きさの礫があることが望ましいと考えられます。なお，河床材料については，既存の指標にない新たな視点です。

水質の透視度は，C ランク（30 cm 以上）の地点も複数ありました。「川の中に入って遊びやすい（ランク B）」の水質の透視度は 70 cm 以上とされていますが，魅力的な川遊びのできる場所では，多少の濁りは気にしていないようです。

以上のように，子どもが遊ぶ水辺は**表 4** に整理した既往の指標が概ね適用できますが，子ども目線の魅力的な川遊びができる川では，多少の近づき難さや濁りがあっても許容されているようです。

子どもがワクワク・ドキドキできる川の条件

さて，ここまでは主に安全で快適に親水活動を行うための条件でしたが，これらは大人が管理しやすいという意味で，従来の大人都合の意味合いが大きい指標といえると思います。一方で，子どもが水辺で遊ぶとき，特に「創造力」や「課題解決力」を培うような行動をしているときには，従来の指標では語れないワクワク・ドキドキを生み出すような条件があるのではないかと考えられます。

そこで，現地確認の際は，子どもたちの発話や行動を誘発させたと思われる水辺環境条件についても定性的に抽出してみました（p.120 ～ 121　**表 6**）。主な特徴は以下のとおりです。

◎ 抽出された条件は，大きく「川や水辺での行動に関する条件」，「川や水辺の条件」，「動植物に関する条件」，「水遊びのしやすい施設整備」，「沿川の土地利用」，「ソフト面」に分類されました。

◎「川や水辺での行動に関する条件」としては，「水の中を歩いて移動できる（上下流へ移動する，対岸に渡る）」，「自然の石を自由に動かせる」，「水をかけあうことができる」といった川に関するものや「水辺にちょっとした広場がある」，「川沿いに小道や移動できる空間がある」などの水辺に関するものになります。これらを読み替えると，自由に水辺を移動し，川に入り，川の中でもまた自由に移動して遊べる環境，そして川の流れに負けないように工夫して川底の石を並び替えて，川の流れや地形に変化を与えられる環境といえるでしょう。子どもたちはこのような創造的な環境でワクワクやドキドキを感じているものと考えられます。

水の中を歩いて移動できる

自然の石を自由に動かせる

水のかけあいができる

水辺を移動できる小道がある

人々が集う広場がある

対岸に渡れる飛び石がある

ワクワク・ドキドキできる川の条件（1）

◎「川や水辺の条件」としては，「流れがある」，「水深や流速が変化する」，「河床に石（丸い礫）がある」といった川本来の姿であることが見てとれます。また「ワンド」，「支川の合流」，「水際に露出した土や泥」といった多様な環境であることも特徴の一つと考えられます。

流れが分かれている

石（丸い礫）がある

水際に土・泥が露出

支川の合流がある

ワクワク・ドキドキできる川の条件（2）

◎「動植物に関する条件」としては，「多様な生き物が生息している」，「水際に草が生えている」などが該当します。当然かもしれませんが，魚がいそうな場所を探したり，生き物を捕ったり，捕った生き物を見たり触ったりなど，改めて動植物と触れ合えるということが大きな魅力となっていることを示唆していると考えられます。

水際に草が生えている

子どもたちが捕まえたたくさんの魚

ワクワク・ドキドキできる川の条件（3）

◎「水遊びのしやすい施設整備」は，人工的な水辺（野々下水辺公園）で多く確認されました。護岸や人為的に配置された深い場所，巨石などの人工構造物でも，条件によっては子どもたちの恰好の遊び場として利用され，さまざまな力を育む機会になっていると考えられます。

◎「沿川の土地利用」としては，都立野川公園の中を流れる野川のように公園に隣接していることが該当します。集合できる環境が近くにあることで水辺に子どもたちが集まりやすくなり，そして仲間がたくさんいることがドキドキ・ワクワクを体験しやすくしているものと考えられます。

◎「ソフト面」としては，水辺に散歩道や休憩用のベンチなどがあり，川を見渡す大人の目が確保されていることも該当します。特に落合川では川遊びをサポートする団体があり，常に大人の見守りがありました。子どもたちが心を開放し，成長するためには不安を低減させること，逆に言うと安全を感じられることが重要だということを示唆しているのでしょう。その意味で，基本的な条件として子どもたちだけではなく，大人が集える空間であることも重要な条件の一つとなっていると考えられます。

休憩用のベンチがある

サポートする団体がいる

ワクワク・ドキドキできる川の条件（4）

最後に自然的な水辺と人工的な水辺との間での条件の違いを紹介します。大きな違いとしては，自然的な水辺では「水際に土・泥が露出している」，「多様な生き物が生息している」，「連続する水際植生が見られる」，「水面にオーバーハングしている植物がある」などが特徴として見られました。自然的な水辺は，

◆創造力に関係する発話とそれを支える水辺環境の例

◆課題解決力に関係する発話とそれを支える水辺環境の例

表6　子どもの創造力・解決力に関する発話のあった水辺環境

No.	大分類	中分類	条件	落合川 (自然的な水辺)	野川 (自然的な水辺)	野々下水辺公園 (人工的な水辺)	合計
1	川や水辺での行動に関する条件	川の中の移動	水の中に入れる	5/6	11/11	7/9	24/26
2			水の中を歩いて移動できる	6/6	10/11	7/9	23/26
3			左右岸を行き来できる	6/6	10/11	7/9	23/26
4		泳ぎ・水かけ遊び	水のかけあいができる開けた環境がある	5/6	10/11	7/9	22/26
5			川流れができるような環境がある	1/6	1/11	2/9	4/26
6			川に顔をつけて泳げる	1/6		2/9	3/26
7			上り下りできる斜面や巨石，段差，落差工がある	1/6	2/11	7/9	10/26
8		石遊び・石観察	自然の石を自由に動かせる	6/6	11/11	6/9	23/26
9			大きな石をひっくり返して川虫がいないか確認できる		1/11	3/9	4/26
10		水辺への移動	水辺に近づくことができる（水面を覗くことができる）	6/6	11/11	8/9	25/26
11			自分でアプローチを探したり選んだりできる	6/6	9/11	7/9	22/26
12			川を渡るための飛び石がある		2/11	3/9	5/26
13			橋がかかっている（アクセスしやすい）	1/6	6/11		7/26
14			水路を渡る橋がある		3/11	1/9	4/26
15			川沿いの小道または移動スペースがある	6/6	11/11	8/9	25/26
16			アクセスできる草のない斜面がある	6/6	8/11	4/9	18/26
17			水辺にオープンスペースがある	5/6	11/11	9/9	25/26
18	川や水辺の条件	川の流れ	流れがある	6/6	11/11	7/9	24/26
19			流れに緩急がある	4/6	6/11	5/9	15/26
20			水深に変化がある	2/6	4/11	4/9	10/26
21		河床材料	河床に石がある	6/6	11/11	6/9	23/26
22			河床に砂がある	1/6	8/11	3/9	12/26
23			丸い（角のない）礫がある	6/6	10/11	6/9	22/26
24		支川の合流	川幅や流速の違う川と合流している		3/11	2/9	5/26
25			水路からの落ち込みがある（流入水路の条件つき）		2/11		2/26
26			流入水路がスロープになっている		1/11		1/26
27		ワンド	流れが分かれている（ワンド）	5/6	2/11	5/9	12/26
28			ワンドを造成している（がある）	3/6	2/11	3/9	8/26
29		河岸の微細な変化	水際に土・泥が露出している	6/6	9/11	2/9	17/26
30			土のアーバーハングしたところ（水中に）		1/11		1/26
31			土の斜面に穴があけられる（あってる）	4/6	1/11		5/26

No.	分類	項目	条件				合計
32	動植物に関する条件	生物の生息環境	多様な生き物が生息できる（同じ分類群で複数種）	6/6	8/11		14/26
33			生き物が生息できる（水生生物）	6/6	9/11	9/9	24/26
34			生き物が生息できる（両生類）	6/6			6/26
35			生き物が生育できる（陸上昆虫）	6/6	10/11	9/9	25/26
36			生き物が生息・休憩できる（鳥類）	4/6	6/11	5/9	15/26
37		植物の生育状況	水際が草つきになっている	6/6	8/11	5/9	19/26
38			水草が生えている	5/6	1/11		6/26
39			水辺に植物が生育している	6/6	9/11	7/9	22/26
40			水際は草つきで緩やかで砂が堆積	5/6	6/11	4/9	15/26
41			連続する水際植生	6/6	9/11	3/9	18/26
42			人目につかない茂みがある	3/6	2/11	1/9	6/26
43			2m 以上の植生	2/6	2/11	1/9	5/26
44			パッチ状に植生があり，表裏や物かげがある	2/6	2/11	3/9	7/26
45			水面にオーバーハングしている植物（樹木，草本類）がある	6/6	8/11	1/9	15/26
46			水辺に実のなる木が生えている	3/6	3/11	4/9	10/26
47			樹木のトンネルがある（下枝を切れるとよい）	2/6	4/11		6/26
48	水遊びのため（しやすい）の施設整備	流れの変化	水が湧き出ている		2/11	1/9	3/26
49			プールのような水たまりがある			2/9	2/26
50			連続巨石で流れの変化がある			2/9	2/26
51		水際の構造物	水際は人工物で固めている		3/11	7/9	10/26
52			巨石に囲まれている		1/11	1/9	2/26
53			巨石のオーバーハングしたところがある		1/11	2/9	3/26
54			護岸ブロックがある		1/11		1/26
55			石積みの落差がある			2/9	2/26
56		移動・観察施設	ウッドデッキがある			1/9	1/26
57		利便施設	水飲み場，洗い場がある			3/9	3/26
58	沿川の土地利用		狭まった空間がある（斜面～家）	1/6	1/11		2/26
59			自然公園に面している		11/11		11/26
60	ソフト面		その他：ソフト面の条件	5/6	9/11	7/9	21/26

分母：「創造性」または「解決力」に関する発話のあった地点数
分子：条件が該当する地点数
空欄：条件が該当しない
青字：3 河川（自然な水辺，人工的な水辺）ともに 7 割以上の地点で該当する条件
緑字：自然的な水辺で 7 割以上の地点で該当する条件
赤字：自然的な水辺で 7 割以上の地点で該当するが，人工的な水辺では該当が少ない条件
■：7 割以上の地点で該当

自然の営力によって多様な環境が育まれ，それぞれの環境に生息・生育する多様な生物と触れ合えること，特に連続する水際植生やワンドなどによって多様な流れが生じると，子どもが自分の経験や知識を生かして自ら遊ぶ場所を選択するなど，課題解決の実践の場になっていると考えられます。

連続する水際植生

オーバーハングした植物

自然的な水辺に特徴的な水辺環境条件例

以上をまとめると，「子どもがワクワク・ドキドキできる川」としては，以下のような条件が挙げられます。

① 自分の意思で水辺を移動し，川に入る場所を選択し，川の中を自由に移動して遊べる環境があること。
② 川底の石を自由に並べ替えて，川の流れや地形に変化を与えられるような創造的な環境であること。
③ 流れがあり，かつ水深や流速が変化すること，河床に丸い礫があるなど川本来の姿を保ち，ワンド，支川の合流，水際に露出した土や泥など多様な環境を備えていること。
④ 水際に植物が連続して生育し，多様な生き物が生息しているなど，動植物と触れ合えること。
⑤ 子どもたちの恰好の遊び場として利用可能な護岸などの人工構造物があること
⑥ 公園などの広場が隣接し，水辺に子どもたちが集まりやすいこと。

⑦　子どもたちだけではなく，子どもたちを見守り，遊びをサポートする，大人が集える空間であること。

以上のように，子どもの成長を支える水辺の姿は，**表 4** に示した安全性や利便性に係わるもの，いわば必要条件を満たしつつも，上記のような「子どもがワクワク・ドキドキできる川の条件」に示す十分条件を兼ね備えることが必要だと考えられます。

⑥公園などの広場が隣接し，
水辺に子どもが集まりやすい
⑦子どもたちだけではなく，子どもたちを見守り，遊びをサポートする，大人が集える空間である
②川底の石を自由に並べ替えて，川の流れや地形に変化を与えられる，創造的な環境である
④水際に植物が生育し多様な生き物が生息しているなど，動植物と触れ合える

①自分の意思で水辺を移動し，川に入る場所を選択し，川の中を自由に移動して遊べる環境がある
⑤子どもたちの恰好の遊び場として利用可能な護岸などの人工構造物がある
③流れがあり，かつ水深や流速が変化すること，河床に丸い礫があるなど川本来の姿を保ち，ワンドや支川の合流，水際に露出した土や泥があるなど多様な環境を備えている

イラスト：広野りお

5-7 子どもが利用しやすいまちなかの水辺とは？

水辺での遊びは，子どもたちの「創造力」や「課題解決力」を育くむこと，そしてそのための水辺には，「5-6　子どもが遊び，学ぶ水辺の形」で紹介したような「自由に移動したり遊べる環境があること」，「連続した水際植生があること」，「多様な生き物が生息していて動植物と触れ合えること」などの条件が必要であることが見えてきました。

このようにまちなかに近く，豊かな自然が見られる水辺は，子どもたちの恰好の遊び場となり，そこで遊ぶことによって，子どもたちは創造力や課題解決力を育むことができます。しかしながら，素敵な水辺があり，あるいは今後そのような水辺を整備したとしても，必ずしも多くの子どもたちに利用されるとは限りません。水辺が利用されるためには，子どもたちの生活空間である家や学校，近くの公園などとうまくつながり，街の中の一部として機能することが必要です。

ここでは，水辺から一歩引いて，まちづくりの中の水辺の位置づけという観点で，必要な要素を考えてみました。

調査方法～水辺遊びが盛んな街への聞き取り～

街の中で利用されやすい水辺とはどんなものでしょうか。

これを調べるのに最も効果的な方法は，実際に利用している人たちの生の声を集めることです。そこで，先にも登場した落合川を対象とし，その近隣小学校へのアンケート調査を実施しました。またアンケートで拾い切れなかった生の声として，遊んでいる子どもたちの発話や，水辺の活動サポーターへのヒアリング結果も分析対象とし，整理してみました。

◎アンケート内容

アンケートでは，児童や保護者を対象とし，川を利用するうえで欲しい条件を選択肢形式で聞いてみました。選択肢についてはあらかじめ筆者らがまちなかを歩いて関係しそうな要素を確認し，そこから設定しています。

また，参考として川の中に求める条件についても児童と保護者に聞いてみましたので，後ほど紹介します。

具体的なアンケート内容は図 14 のとおりです。

＜保護者へのアンケートの設問＞

3　**落合川は子どもたちの川遊びにとてもよく利用されています。**そこで、川あそびを禁止している、禁止していないに関わらず、落合川に求める条件として賛同する項目全てに●を付けてください。また、選択肢にない場合はその他の欄に自由に記載してください。

・川の中の条件

○水がきれい　○ゴミがほとんどない　○流れが緩やか　○水深の浅い場所がある
○水の中を歩ける　○泳ぐことができる　○生き物捕りができる　○水際の草刈りがされている
○飛び込みができる　○石拾い・石積み等の石遊びができる　○橋などで対岸に渡れる
○浮き輪やボート等　○その他（　　　　　　　　　　）　○特になし

・川の周辺（川が見える程度の範囲）の条件

○川沿いに散歩・サイクリング道がある　○大人が集まる広場がある　○川沿いに住宅がある
○休憩できるベンチがある　○川に面した芝生広場がある　○周りから川を見渡せる
○川へ降りる階段がある　○トイレがある　○公園がある
○木々がある　○川遊びを教える人がいる　○防犯カメラがある
○その他（　　　　　　　　　　）　○特になし

・家から川の周辺までの道のりの条件

○川まで安全に行ける　○人通りが多い散策コースがある　○雨水貯水池がある
○駐輪スペースがある　○駐車場がある　○住宅地がある
○スーパー、コンビニがある　○人が集まる施設（公民館、図書館など）がある
○畑や果樹園がある　○樹林がある
○その他（　　　　　　　　　　）　○特になし

＜児童へのアンケートの設問＞

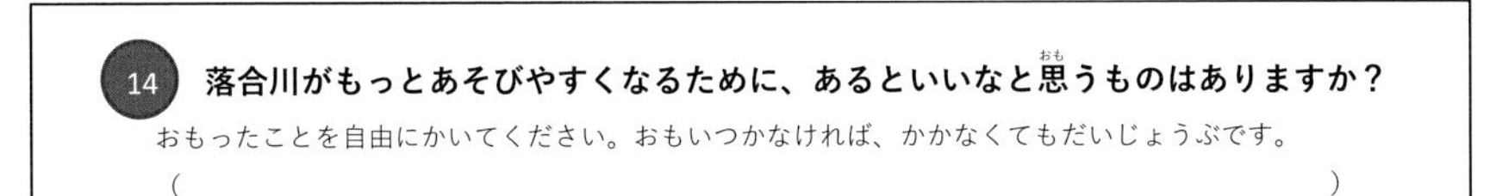
14　**落合川がもっとあそびやすくなるために、あるといいなと思うものはありますか？**
おもったことを自由にかいてください。おもいつかなければ、かかなくてもだいじょうぶです。
（　　　　　　　　　　　　　　　　　　　　）

図 14　落合川近隣小学校で実施したアンケートの設問内容

◎アンケート実施状況

アンケートは，落合川の近隣小学校４校を対象とし，１～６学年の児童，保護者を対象に実施しました。実施日は2019年11月８日，回収率は児童55.7%，保護者48.8%です（**表7**）。

表7　アンケート回答結果

児童の回答結果		
	配布数	回答数
第一小学校	511	363
第二小学校	551	266
第三小学校	529	320
第五小学校	669	310
合計（55.7%）	2260	1259

保護者の回答結果		
	配布数	回答数
第一小学校	511	319
第二小学校	551	228
第三小学校	529	277
第五小学校	669	279
合計（48.8%）	2260	1103

川の周辺（川が見える程度の範囲）の条件

アンケート調査の結果（**図15**），50%以上の保護者が選んだ条件として，「周りから川を見渡すことができる」，「川沿いに散歩・サイクリング道がある」，「トイレがある」，「川に面した芝生広場がある」，「川へ降りる階段がある」といったものが該当しました。

川へ降りる階段は，単に魅力的な川というだけではなく，アクセスの安全性も求めているということを意味しているのだと思います。また，トイレは利便性に関するものですが，後ほど紹介する児童向けのアンケート結果とも合致していますので，重要な要素の一つであると考えられます。

そのほかの要素については，誰かしらの大人の目があるということが共通していえることと思います。親に限らず，大人の目が行き届いていれば，何かあったときに助けてくれる，そういう意味で安全・安心の要素を重視しているものと思われます。なお，３～４割の賛同意見である「休憩できるベンチがある」，「防犯カメラがある」，「大人が集まる広場がある」，「水辺に樹木がある」といった要素も同様の安全・安心を重視する理由で比較的高い賛同が得られたものと考えられます。

川の周辺で必要と回答された条件イメージ

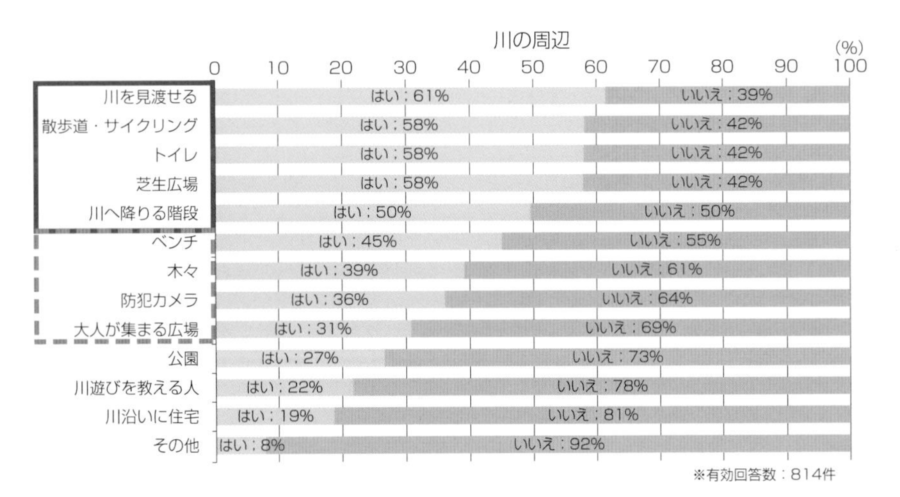

図15　川の周辺（川が見える程度の範囲）に求める条件

家から川までの道のりの条件

家から川までの道のりの条件については(**図 16**),「川まで安全に行ける」,「人通りが多い散策コースがある」が該当しました。川から少し視野を広げてみても,やはり安全にアクセスできるといった安心材料が重要視されていることが明かになりました。

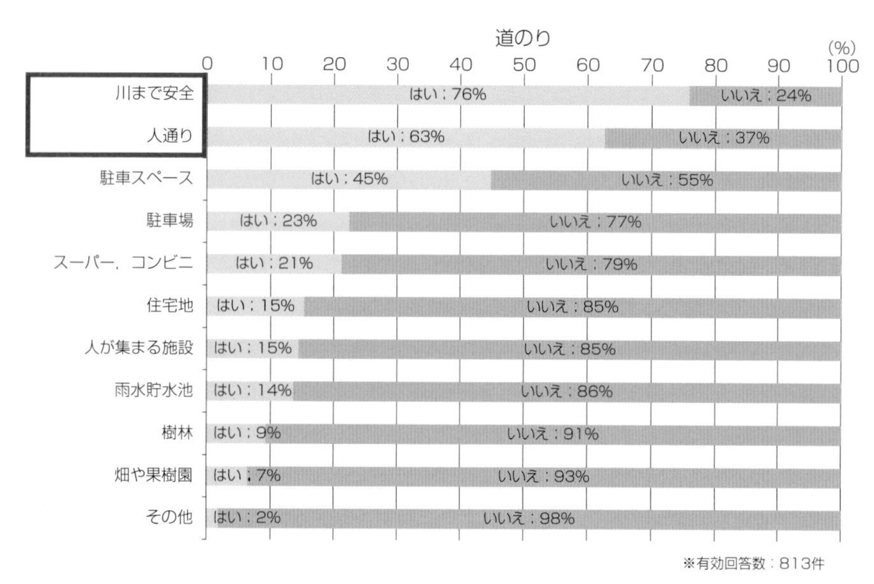

図 16　家から川の周辺までの道のりに求める条件

家から川までで必要と回答された条件イメージ

まちづくりの中で水辺空間を位置づける際は，動線の安全性を確保することが重要な鍵になると思われます。そのほか，駐車・駐輪スペースも比較的多く希望されていることがわかりました。

一方，まちなかのセーフティネットの拠点ともなる住宅地やコンビニエンスストア，人々が集まれる施設など，また自然と触れ合える樹林については10～20%でした。回答率としては高くはありませんでしたが，それでも人数に換算すると100～200人規模であり，必要と感じている人はそれなりにいるようです。落合川の遊び場では，水辺広場の目の前に活動を支えるサポーターの家があるのですが，調査で訪れるたびに人であふれかえっていました。このことからも，このような拠点は実際に利用者にとって必要な要素となっていると考えられます。

また，アンケートの設問以外になりますが，水辺近くの六仙公園で遊んでいる子どもたちの発話を調査していたときのこと，「次，水辺にいこうぜ！」といった会話が聞こえてきました。友達同士が集まる公園が水辺を取り巻くネットワークの中に含まれていること，これも水辺の利用促進につながる要素の一つになっていることを窺わせる一面です。なお，この六仙公園と落合川の水辺との間には循環できる多くの道があり，中にはショートカットできる道もあって，子どもたちに利用されていました。このような循環やショートカットを可能とする道も，公園に付随して必要な要素であると考えられます。

川の中に求める条件

アンケートでは，川の中に求める環境条件についても聞いてみましたので，その中から特徴的なものを紹介します。

まず児童に聞いた自由記述の結果ですが，回答は延べ201件集まりました。

これらを類似する内容でグルーピングした結果を**図17**に示します。

落合川の落差工

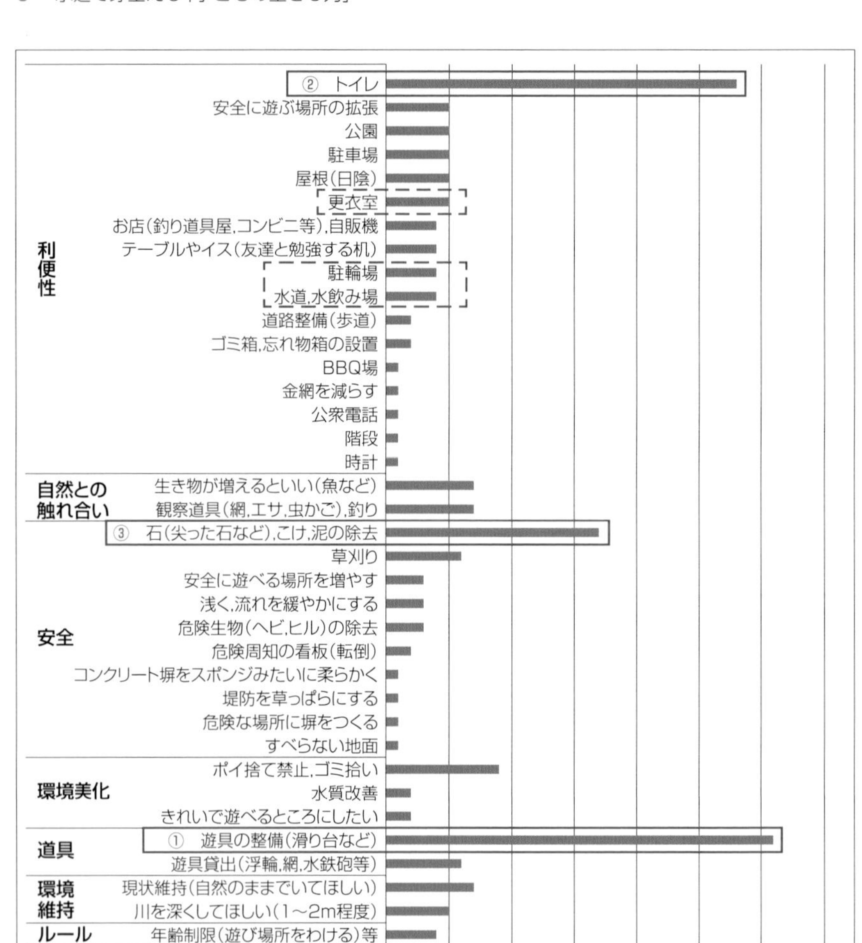

図 17　子どもたちが欲している水辺の要素

最も多かったのは遊具の整備であり，具体的には滑り台や飛込台，水中アスレチックといった内容でした。実は落合川には写真のような構造物(落差工)が整備されていて滑り台や飛込台として遊ばれています。今回の回答は，この記憶に引っ張られたものと思われます。

次に多かったのはトイレです。またほかにも少数意見ではありますが更衣室や駐輪場，水飲み場など，利便性に該当するものが多く挙がっていました。トイレは保護者からのアンケートでも上位に挙がっていましたし，利便性の向上は水辺に求められる重要な条件の一つとなっているようです。

もう一つ突出していたものは，石，こけ，泥の除去であり，これらは安全性の確保に関連するものと考えられます。研究の中でも大事なポイントだと思っていましたが，実際に遊んでいる子どもたちも同様に重要視していることが改めて明らかになりました。「5-6　子どもが遊び，学ぶ水辺の形」では必要な水辺環境条件として「河床に動かせる礫」があることを挙げましたが，子どもたちの意見を踏まえると，尖った礫ではなく丸い礫を選ぶ必要がありそうです。

次に，保護者に実施したアンケート結果（選択式）です（**図 18**）。

50% 以上の人が選択した項目には，「水がきれい」，「流れが緩やか」，「水深が浅い」，「ゴミがほとんどない」，「水の中を歩ける」，「生き物捕りができる」，「草刈がされている」といったものが該当しました。

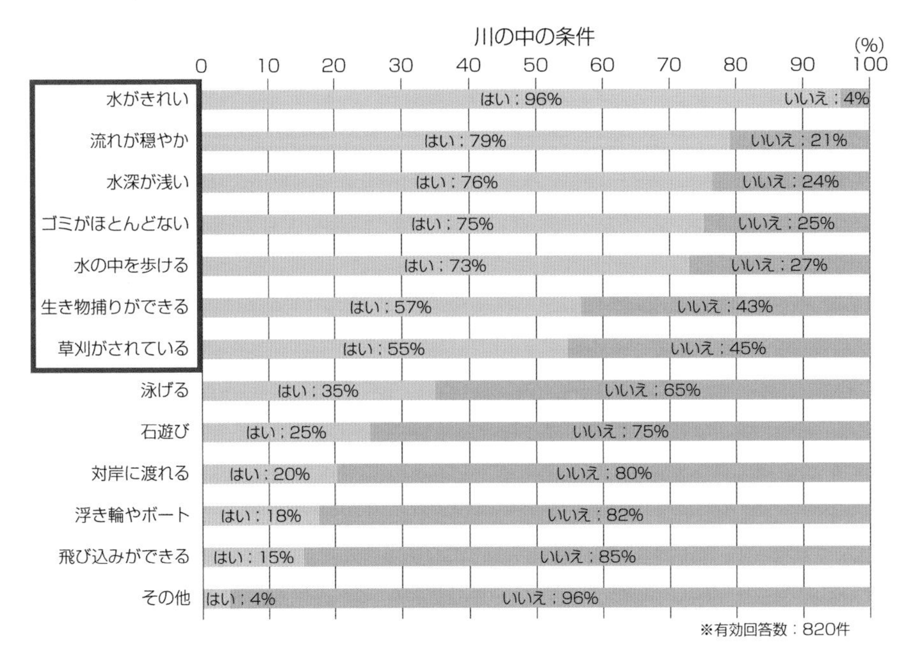

図 18　川の中に求める条件

このように，まず衛生面が重視され，それをクリアしたうえで次に川に入りたい，川に近づきたいという気持ちが芽生えていくのではないかと考えられます。また，安全性が確保されていること，これはいざ川に入ろうと思ったときには，やはり怪我などには気を付けているということを示していると思います。なお，活動内容の選択肢に，泳げることや飛び込みができること，浮き輪やボートで川流れができることなどを入れていましたが，これらの選択率は低く，逆に「水の中を歩ける」や「生き物捕りができる」といった選択肢が多く選ばれていました。このように川の中での活動内容としては，あまり大層なことは求められておらず，大半の人たちは川の中を歩けること，生き物と触れ合えることといった基本的なことでも十分満足感が得られているようです。

最後に，保護者の自由記述回答の結果から特徴的なものを紹介します。

- 危ない場所の注意看板があれば初めての利用でも注意しやすい
- 困ったときに子どもが助けを求める駆け込みハウスがあると安心
- 親から離れても周りに大人の目があれば安心感が持てる
- 柵を減らしてもっと身近な存在にして欲しい
- 川遊びの環境を保てるよう周りの建物や道などを整備して欲しい

ここでも安全面に関連するものが多く，危険を知らせる看板や大人の目があると安心という意見が寄せられていました。

また，防犯のための駆け込みハウスがあると安心という意見もありました。先程も紹介しましたとおり，落合川では遊びを教えてくれるボランティアスタッフの家が近くにありますが，このような指導者や活動拠点となる施設も川遊びの普及には必要なのかもしれません。

なお，保護者に聞いたアンケートの自由回答の中には，遊べる川があることによるまちの魅力向上を紹介しているものもありました。本取り組みを後押ししてくれるような興味深い内容なので最後にこれらを紹介したいと思います（次ページ参照）。

<アンケートで得られた自由回答>

○落合川は水がきれいで，住んで良かったと思える場所の一つである
○家のそばに落合川があって家族みんなが癒されている
○わが子は，親が同伴していたころよりもっと川遊びに夢中になっている
○まちなかの河川であり自然（虫，魚）と触れ合えることを重視したい
○子どもが創造力を働かせておもいっきり遊べる場所を残して欲しい
○毎日，カモやコイや植物を見ながら登校しており日ごろから関わりは深い
○わが家がこの土地に引っ越してきた理由は，落合川の水のきれいさが気にいったからである
○この川を見て子どもを遊ばせたいと思い，練馬区から引っ越してきた
○川遊びが気軽にできる場所が身近にあるのはとても素晴らしい環境であり恵まれていると思う

親水空間を整備することで，それを求めて子育て世代が移住してくる。そんな可能性を秘めたワクワクする話です。

「心地よい水辺が不動産価値を高め，まちを活性化する」。これはまちづくりにおける大きなセールスポイントにもなり，地域活性化の重要な要素になると考えられます。宅地開発などに携わる方には，付加価値向上の観点からもぜひ，水辺整備を取り入れてみて欲しいと思います。

水遊びができる川と沿川の住宅（落合川）

5-8 子どもたちが生き生きと遊ぶ水辺

日本全国には，すでに子どもたちが生き生きと遊んでいる水辺がたくさんあります。ここでは，そのうちの数か所を模範的な事例として紹介しながら前節までに整理した条件が合致するかどうかを見ていきたいと思います。

黒目川（埼玉県朝霞市）

埼玉県朝霞市を流れる黒目川。河川と桜並木が織りなす美しい風景は，誰もが写真を撮りたくなるでしょう。しかし，この風景が失われてしまう可能性もありました。河川改修にあたって，桜並木を伐採し，川幅を狭くする，子どもたちが水辺に近づきづらくなる案が挙がっていたのです。しかし，地域から声が上がり，川幅を変えずにそのままの形状で川底を掘削するスライドダウンという考え方で多自然川づくりが行われました。そうして，治水面の安全を確保しながら桜並木を保全し，川の中には自然に砂州が形成されたことで，子どもが安全に水辺に近づいて遊べる風景が生まれました。

満開の桜を背に川で遊ぶ子どもたちは，花より団子，ならぬ花より水遊びといったところでしょうか。

黒目川

落合川（東京都東久留米市）

私たちの研究対象地でもある落合川では，保育園児から大人まで多様な年代に利用されています。左の写真は，研究を始める前に訪れた際に撮影した写真です。魚とりをしているお父さんに，3～4歳の男の子がバケツに汲んだ水を見せようとしています。幼い子も入れる川，汲みたくなる水，お父さんが魚とりに夢中になってしまうような環境，素敵だなと思える一瞬でした。

夏の間，右の写真のように落差工の下に石が積んでありプールのように利用されている場所があります。落差工の段差から飛び込む子がいたり，奥には生き物に夢中で川の中を歩きまわる子どももいたりします。右下の子は網を片手に水際の植物の下を覗き込んでいます。幅広い年齢の子どもにできること，やりたいことがたくさんあって，遊びが多様で，子どもたちのワクワクが詰まっています。それを温かく見守る大人たちがたくさんいることもこの水辺の特徴です。

落合川

野川・兵庫島公園（東京都世田谷区）

兵庫島公園は，一級河川の多摩川とその支川の野川が合流する場所に位置する公園です。野川の水際まで階段・護岸が整備され，子どもも大人も安全に川に近づくことができます。

奥に見えるのは，二子玉川駅のホーム。近くには買い物ができる商業施設や娯楽施設もたくさんあり，大人も子どもも集まりやすい場所です。

広い空間で子どもたちが伸び伸びと身体を使い，川の中を自由に歩きまわりながら水をかけあい，魚とりをしています。

広場ではレジャーシートやテントを広げてご飯を食べる光景も見られました。電車に乗って家族でピクニックに行き，疲れるくらい水遊びしたあとのご飯はおいしいのではないかと思います。

野川

源兵衛川（静岡県三島市）

源兵衛川は，三島市立公園楽寿園・小浜池を水源とした富士山の湧水が流れています。1960 年代以降，川が汚れた時期が続きましたが，近年，地域の力により美しい水辺環境が再生しました。川沿いに飛び石状の散策路が整備され，多くの人が散策に訪れます。浅瀬では幼い子どもたちも大人に手を引かれて歩き回っています。ミシマバイカモが咲き誇る夏の源兵衛川の川辺を歩いていると，水の中に入っていた男の子が，「花と川は似合うね」といいながらはしゃいでおり，とても印象に残りました。

水源は湧水なので，水質もきれいであり，小さな子どもでも安心して利用できることが特徴だと思います。

源兵衛川

吉田川（岐阜県郡上市）

「5，4，3，2，1，わー」

岐阜県郡上市を流れる吉田川の岩場からは，このような掛け声が聞こえてきます。岩場から飛び込む子どもたちを勇気づけ，後押しする声です。飛び込んだ後には拍手。まずは低い岩，次に高い岩，そして近くの橋，子どもたちは少しずつ高い場所からの飛び込みに挑戦していきます。危険がないとは必ずしもいえませんが，地域のコミュニティの中で上級生と下級生が支えあい，危険を学ぶ成長の場となっていることが感じられる川遊びの場です。学年によって遊ぶ場所（岩）を選んでいることも特徴で，成長とともに難易度の高い場所へとレベルアップしていきます。

子どもたちの川遊びとこの風景はきっと昔から受け継がれてきたのだろうと想いを馳せると，子どもたちのドキドキ，ワクワクできる遊びを見守り大切にしたい気持ちが強くなりました。吉田川で川遊びをする子どもたちの歓声と水音は，「吉田川の川遊び」として「残したい日本の音風景 100 選」（環境省）にも選ばれています。

吉田川

小駄良川（岐阜県郡上市）

前掲の吉田川に流れ込む小駄良川では，落差工を遡上する子どもたちが見られます。子どもたちのあふれる力が伝わってくる水辺です。白波がたち，流れが速い場所がありますが，子どもたちは大きな石をつかみながら元気よく登っていきます。しかし，ちょっと流れに負けそうになったとき，先に行った子か

小駄良川

ら差し出される手。その手をとった子はきっと心強かっただろうなと思い，落差工という構造物が子どもたちの元気な遊びと協力の場となっていることに感動しました。

住吉川（兵庫県神戸市）

六甲山を源流とする住吉川は，神戸のまちなかを流れ，地域の住民に親しまれている川です。両岸がコンクリートで固められ，落差工が連続して設置されるなど人工的な印象が強い部分もありますが，水質がとても良いほか，河道の中は自然が残されており，生き物も多く見られます。また，市街地に隣接しており，気軽にアクセスできます。夏になると，清流を目当てにたくさんの親子連れが集まってきます。子どもたちは，人工的な地形，自然の地形をそれぞれ大いに生かして，飛んだり潜ったり流れたり，生き物を探したりと大忙しです。

なお，近くの都賀川では，2008年にゲリラ豪雨に伴う急激な水位上昇により痛ましい水難事故が起きています。流域が高度に都市化され，急勾配の中小河川で遊ぶ場合は，そのような危険にも注意する必要があります。

住吉川

上西郷川（福岡県福津市）

福岡県福津市を流れる上西郷川は，近傍の区画整理事業で進められた新たな住宅地の整備をきっかけとして，安全な川づくりのための河川改修が行われました。2007 年から地域住民と九州大学，福津市が連携して多自然川づくりに取り組んでいます。話し合いながら計画が検討され，川づくりの目的には「こどもがみちくさのできる川」というコンセプトも掲げられました。

整備後には，子どもたちが参画して，川の流れや環境を多様にする仕掛けづくり（小さな自然再生）が行われており，川に変化を加えています。

現在の水辺は，自由に陸地と川の中を行き来でき，川の流れや水際は変化に富んでいます。環境学習で訪れた子どもたちからは，「ここ深い，意外と陸に上がったほうが良いわ。」，「なんだここは石だらけだ，ここのへこみはいいな。ああーこける，やっと通り抜けた。」といった発話も確認されました。自然に陸と川のつながりや地形の変化を感じているようです。

子どもたちが遊ぶ，何気ない川の風景に見えるかもしれませんが，地域の方々が定期的に草刈りを行うことで，子どもたちが安全に近づき遊べる環境が維持されています。計画段階から地域住民が参加する川づくりが進められてきたことで，継続的な維持管理も地域で行われ，子どもの遊ぶ水辺が維持されているようです。

上西郷川

コラム⑧
子どもたちはアーティスト

子どもたちの遊びを追ってみるとこんなものが見つかることがあります。

子どもたちの遊びの痕跡。まるでアート作品です。雨が降ったら，誰かがぶつかったら，すぐに壊れてしまうものです。そして，その材料は尽きることがありませんし，崩れても，また新しいものを生み出せます。

すべて水辺にあるものですので，どう使っても水辺は受け入れてくれます。

子どもたちの遊びは自由で，同じものはないということも実感させられます。コンクリートで固められていない川は，自然の営みにより常に変化しています。子どもたちもその変化の中で多様性に遊び，また自ら変化し，多様性を生み出しているようです。

水辺を歩くと，子どもたちの創造力で生み出されたアートと出会えるかもしれません。

創造力で生み出された水辺のアート

《参考文献》

1）エリク・H・エリクソン（仁科弥生 訳）（1999）「幼児期と社会 1」みすず書房
2）河川環境管理財団（2011）「川を活かした体験型学習プログラム」

6 子どもが輝く プレイフルインフラ

私たちの社会の基盤となるインフラストラクチャー。
そこに，子どもたちが楽しく遊び，
ワクワク・ドキドキを感じられる要素を加えたものを，
私たちはプレイフルインフラと名づけました。
水辺の空間は，
プレイフルインフラとしての魅力にあふれています。

6-1 プレイフルインフラとは

日本では，子どもの外遊びの時間が極めて減少し，自然を体験する機会の減少と相まって，孤独感の増加や幸福度の減少につながっているのではないかとの問題意識があります。そして，都市の水辺における子どもの発話を分析することで，子どもがワクワク・ドキドキして遊び，学ぶことができる環境づくりが大切であることが明らかとなってきました。

本章の構成は，「6-1　プレイフルインフラとは」では，このような子どもがワクワク・ドキドキして遊び，学ぶことができる環境としての「プレイフルインフラ」の概念を提唱しています。「6-2　プレイフルインフラとしての水辺空間の特徴」では，とりわけプレイフルインフラとしての要素が多くみられる水辺空間の特徴を六つに整理し，「6-3　プレイフルインフラとしての水辺が備えるべき要素」において，それら水辺空間の特徴を生かした整備のあり方を述べます。さらに「6-4　まちと水辺をつなぐプレイフルインフラ」では，子どもたちが日常的に安全に水辺を利用できるよう，自宅や学校などの場と水辺とをつなぐプレイフルインフラについて，近年の国土交通行政の展開を踏まえて紹介しています。そして最後の「6-5　プレイフルインフラと大人の足場かけ」では，プレイフルインフラがその機能を発揮するための地域の取り組みを示しています。

子どもたちは水辺で遊ぶのが大好きです。自然豊かな水辺空間は，子どもたちにとって楽しい外遊びの場であり，多様な自然や生命と触れ合う場です。そして，水辺での遊びを通じて，生きる力を身につけ，仲間とともに創造力や課題解決力を育む学びの場でもあります。それは，自然豊かな水辺空間は，子どもたちがワクワク・ドキドキする，遊びにとっての不可欠な要素をたくさん備えている空間だからです。

水辺が好きなのは子どもだけではなく，大人も同じです。水に近づいたり，水辺を散策したり，水際に寝転んだり，さまざまな形で人は水辺空間と親しんでいます。このため，水辺では，水辺に近づき親しむための親水施設の整備や，美しく，緑豊かな水辺環境の保全・創出が行われています。しかし，こうした親水整備や環境創出も，従来，必ずしも子どもの視点からは行われていませんでした。すなわち，大人の目から見た美しさや使い勝手の良さ，管理のしやすさなどから考えられたものであり，子どもたちが心から遊びたくなるもの，楽しめるものにはなっていなかった面が否めません。このため，せっかく親水施設を整備しても，子どもたちがあまり集まってこない場所があるかと思えば，子どもたちはそうした整備をしていない，場合によってはちょっと危険な場所を好んだりもします。

私たち研究会では，水辺空間が子どもたちの遊びの場として活用されるためには，子どもの視点から考えた整備が大切だと考えています。こうした子どもの視点から考えたインフラやその整備のあり方を，「プレイフルインフラ」と名づけることとしました。「プレイフルインフラ」とは，人間の生活や産業活動の基盤を形成する「インフラストラクチャー（＝インフラ）」に対して，子どもたちが遊びを通じてワクワク・ドキドキしながら，自ら学び成長していく「プレイフル・ラーニング」の要素を加えたものであり，いわば子どもの遊びや学びを育む社会的な基盤を意味しています。

この「プレイフル・ラーニング」とは，教育工学者である上田信行氏らの実践的研究から生まれた概念であり，「人々が集い，ともに楽しさを感じることのできるような活動やコミュニケーション（共愉的活動，共愉的コミュニケーション）を通じて，学び，気づき，変化すること」[1)]です。そして，この「プレイフ

和泉川（神奈川県横浜市）

ル・ラーニング」は，「人々が集う場」，「楽しさを感じられる活動」，「学びや気づきや変化が予期されること」の三つの要素から構成されるとしています。つまり，人々が集う場所があり，楽しさを感じられる活動が行われ，学びや気づきや変化が期待されるような水辺空間を構築するインフラこそが「プレイフルインフラ」となります。

また，水辺空間が子どもたちの「プレイフルインフラ」となるためには，ただ，その水辺を整備するだけではなく，子どもたちが家から安全に，かつ楽しみながら水辺空間にアプローチできることも重要です。つまり，まちづくりの中でもこうした子どもの視点が大切となってきます。したがって，私たち研究会が提案する「プレイフルインフラ」は，水辺に続くまちづくり全体の構造を考える場合にも必要なものと考えています。これにより，子どもたちの遊び場としての水辺空間はさらに価値を高めることができます。

「プレイフルインフラ」は，子どもたちの遊びの場としての水辺空間やまちを創出するためのインフラであり，子どもの視点から考えた機能や構造，配置を有するインフラです。言い換えれば，「プレイフルインフラ」とは「子どもが好きなだけ探求・探究し，発見し，創造活動が展開する空間」であり「子どもがつまずいたときに，大人が足場をかけてあげられる空間」でもあります。それはまた，子どもを家と学校，塾だけに押し込めるのではなく，子どもたちが自ら成長できるような空間を地域の中につくっていくことでもあります。

一般的に，インフラストラクチャーとは，防災，交通，通信をはじめとする分野において，社会の安全性，利便性，快適性などの向上を通じて，生活や産業を支える施設や仕組みを総称した社会的基盤のことであり，インフラと略称されています。これらのインフラは，従来，特定の目的を確実かつ経済的に達成するため，それぞれの管理者によって設置され，管理されてきました。そこでは，例えば，あるインフラを整備したことにより，利便性は格段に向上したが，自然環境はやや損なわれたというような二者択一の議論が行われがちでした。これに対して，近年，グリーンインフラという概念が提唱されました。グリーンインフラとは，「自然環境を生かし，地域固有の歴史・文化，生物多様性を踏まえ，安全・安心でレジリエントなまちの形成と地球環境の持続的維持，人々の命の尊厳を守るために，戦略的計画に基づき構築される社会的共通資本」[2)] と定義されているように，インフラの中に，地域の歴史，文化，生物多様性をも重視し，従来のインフラよりもより持続可能性や多様性，多機能性を持った概念ということができます。これにより，従来のインフラは，コンクリートによる人工構造物のイメージから，狭義にグレーインフラともいわれるようになりました。プレイフルインフラは，このグリーンインフラを形成する重要な要素であり，先のグリーンインフラの概念を援用すれば，「子どもの遊びや学び，育ちを通じたコミュニティの持続的維持のために構築される社会的共通資本」ということができます。

プレイフルインフラ (Playful infrastructure) とは・・・

人間の生活や産業活動の基盤を形成する「インフラストラクチャー (=インフラ)」に対して，子どもたちが遊びを通じてワクワク・ドキドキしながら，自ら学び成長していく「プレイフル・ラーニング」の要素を加えたものであり，いわば子どもの遊びや学びを育む社会的な基盤

具体的には，

- 子どもたちの遊びの場としての水辺空間やまちを創出するためのインフラ
- 子どもの視点から考えた機能や構造，配置を有するインフラ
- 子どもが好きなだけ探求・探究し，発見し，創造活動を展開する空間
- 子どもがつまずいたときに，大人が足場をかけてあげられる空間

6-2 プレイフルインフラとしての水辺空間の特徴

ダイナミックな自然の力がつくりだす河川本来の姿は，地形，地質，植生などの状況に応じて多様な微地形が形成され，水の流れ，土砂の移動，生物の営みなどによって常に変化に富んでいます。このような河川や水辺の空間は，その空間自体が，子どもたちが遊びの中で探求，探究，発見，創造を展開することのできるプレイフルインフラとしての要素を持っているとみることができます。自然豊かな河川の水辺が有するプレイフルインフラとしての空間特性には次の六つが挙げられます。プレイフルインフラとして水辺を整備していく際は，こうした空間特性の概念を意識し，うまく生かしていくことが重要です。

つながりを感じさせる空間

河川は源流から河口へ，支流から本流へと途切れることのない水の流れを有していることが基本です。そして，さらにいえば，目の前の河川の水は海を通じて世界と結ばれています。また，水の流れは，人類の歴史よりも古い時代から，延々と続いているものでもあります。子どもたちは，水辺を遊びまわることで，無意識のうちに時間的，空間的に連続した水の流れを感じながら，未知の世界に対する冒険心をくすぐられるのではないでしょうか。このつながりは，水の中に入らずとも周りの道を移動するだけでもきっと感じられると思います。

一方，河川の流れは左右岸を隔てる存在でもあります。しかし，橋を使うことによってその隔たりは克服され，新たなつながりや交流を生み出しています。つながる場所がもっと水面に近い潜り橋であったり，飛び石であったり，浅瀬であったりすれば，それらを自分の足で渡って，つながることの喜びはさらに増すかもしれません。

水辺空間は「4-2　遊び場の型」で述べた極めて特徴的な道スペースになる可能性を有しています。

祇園白川（京都府京都市）

まちの中で自然体験のできる空間

水辺は，家や学校のあるまちとは時に堤防や護岸によって隔てられています。堤防を乗り越え，護岸を降りることで，子どもたちは水辺というふだんの暮らしとは隔離され，まちにはない自然を体験できる空間へと侵入します。水辺には，ヨシやオギなどの背の高い草やオーバーハングした水際地形など，子どもたちが隠れる場所には事欠きません。子どもたちにとって，水辺は秘密基地の宝庫です。

水質が悪くなければ水の中に入っていくこともできます。河川に入ると，水の流れの力を受けながら，泳いだり，水遊びをしたり，魚を捕まえたりすることができます。水に入る遊びだけならば，プールや公園の中の人工的につくられた池でも体験できますが，水の中の冒険や変化に富んだ水の流れの体験，生きた魚たちとの触れ合いは，自然が多く見られる河川の中だけでしか味わえない体験ではないでしょうか。自然豊かな河川の水辺は，そんな特別感あふれる空間を有しています。

水辺空間はこの意味で「4-2　遊び場の型」で述べた典型的な自然スペースであり，アジトスペースとしての側面を持っています。

ママ下湧水（東京都国立市）

変幻自在を感じることのできる空間

自然な河川では，水の流れは蛇行を繰り返し，瀬や淵，中州，ワンド，たまり，細流，岩場，起伏，草地や樹木など，微地形が連続する変化に富んだ空間が形成されています。また，水辺は天候による急激な変化，時刻による変化，季節による変化，場所ごとの変化，生き物たちによってもたらされる変化など，まさに時々刻々と表情を変えていて，飽きることがありません。子どもたちは自らの視覚で，触覚で，聴覚で，嗅覚で，時には味覚で，それらの変化を感じることができます。

また，自然な河川では，子どもたち自身が遊びを通して，河川の形状や水の流れに小さな変化を与え，その変化が波及していく様子を実感することができますが，そうしたことを通じて無限に創造的，探求・探究的な遊びを可能にしていきます。

一方，河川の中や水辺には，橋梁をはじめ，水門，堰，落差工，堤防，護岸，水制，階段，桟橋など，子どもたちにとって興味深い，ほかでは見られない人工構造物がさまざま設置されています。これらの土木構造物もまた，造形的，景観的，機能的なシンボルとして，子どもたちの遊びの中に取り込まれています。

水辺空間のこうした特徴は，「4-2　遊び場の型」で述べた自然スペースであるとともに，アナーキースペースであり，さらには遊具スペースともなり得るものです。

小駄良川（岐阜県郡上市）

ワクワク・ドキドキを体験する空間

自然な河川に見られる蛇行や起伏，足を滑らせやすい不安定な河床，変化する流れの中で，子どもたちはさまざまな揺れを体験します。堤防の上，橋梁の上，岩場の上などでは水面までの高さを体験します。堤防の急なのり面や落差工ではスリルにあふれた斜面を体験します。河川敷の背の高い草やオーバーハ

源兵衛川（静岡県三島市）

ングした水際の地形ではトンネルや迷路を体験します。水中を泳ぐ魚，水辺や河川敷をはい回り，飛び回る昆虫，鳥たちのさえずりなどと触れ合うことで，生命を体験します。このように，子どもたちは水の流れや水辺で遊びながら，さまざまな地形や構造や生物を通じて，多くのワクワク・ドキドキを体験する機会を得ています。

これはまさにアナーキースペースとしての水辺空間の面目躍如な特徴でしょう。

開放感のある空間

河川敷など，水辺に面した広場は原則として妨げられることのない自由使用の空間であり，特に都市にとってはかけがえのない貴重なオープンスペースとなっています。一面に青空の広がる伸び伸びとした空間であり，さわやかな風を感じることのできる空間，広大な水面を見渡せることのできる空間でもあり，いつまでもボーっとしていることも許されます。子どもたちは，行き交う自動車に脅かされることなく，また電線や建物に邪魔されることも，大声を出しても近所の方から苦情をいわれることもなく，思う存分遊び，休息し，自分の時間を楽しむことができます。

このように，水辺空間は「4-2　遊び場の型」で述べたオープンスペースの代表であり，特に都市においては，ほかに例を見ない貴重なオープンスペースです。

水元公園（東京都葛飾区）

危険に対処する力を身につける空間

水辺は子どもたちにとって魅力たっぷりの空間である一方で，さまざまな危険と隣り合わせであることもまた事実です。

水に入ればどんなに浅いところ，穏やかな流れでも，おぼれる可能性はあります。足を滑らせて岩や石に頭を打たないとも限りません。今いる場所では雨が降っていなくても，上流で集中豪雨が生じれば，急に増水して流される可能性もあります。まちなかより大人の目が行き届きにくい分，思わぬ犯罪に巻き込まれることも考えられます。

このため，いざというときには必ず大人の目が届くようにすること，大きな危険が予想される場所ではきめ細かな注意喚起の対策が必要なことは当然ですが，そうした対策を施したうえで，水辺空間は子どもたち自身が危険に対処する方法を身につける場にもなります。そのためには，それぞれの地域において，年齢の垣根を越えて水辺空間の活用を図るためのサポート組織の構築や，イベントの開催などを通じて，みんなで危険の存在や対処方法を学んでいく機会をつくっていくことが重要となります。

この「危険への対処」という意味では，ほかの遊び場にはほとんど類を見ない，水辺空間の最大の特徴といえるかもしれません。

吉田川（岐阜県郡上市）

6-3 プレイフルインフラとしての水辺が備えるべき要素

自然豊かな水辺の空間は，プレイフルインフラの要素をたくさん持っています。

5章で示したように筆者らが調査した結果では，子どもたちがワクワク・ドキドキしながら遊び，重要な学びを得るために必要な水辺として以下のような条件が必要であるということが示されました。

① 自分の意思で水辺を移動し，川に入る場所を選択し，川の中を自由に移動して遊べる環境があること。
② 川底の石を自由に並べ替えて，川の流れや地形に変化を与えられるような創造的な環境であること。
③ 流れがあり，かつ水深や流速が変化すること，河床に丸い礫があるなど川本来の姿を保ち，ワンド，支川の合流，水際に露出した土や泥など多様な環境を備えていること。
④ 水際に植物が連続して生育し，多様な生き物が生息しているなど，動植物と触れ合えること。
⑤ 子どもたちの恰好の遊び場として利用可能な護岸などの人工構造物があること。
⑥ 公園などの広場に隣接し，水辺に子どもたちが集まりやすいこと。
⑦ 子どもたちだけではなく，子どもたちを見守り，遊びをサポートする，大人が集える空間であること。

ここでは，前節で紹介した空間特性を意識し，また上記の条件を踏まえることで，プレイフルインフラとしての水辺が備えるべき要素を取りまとめてみました（**図1**）。

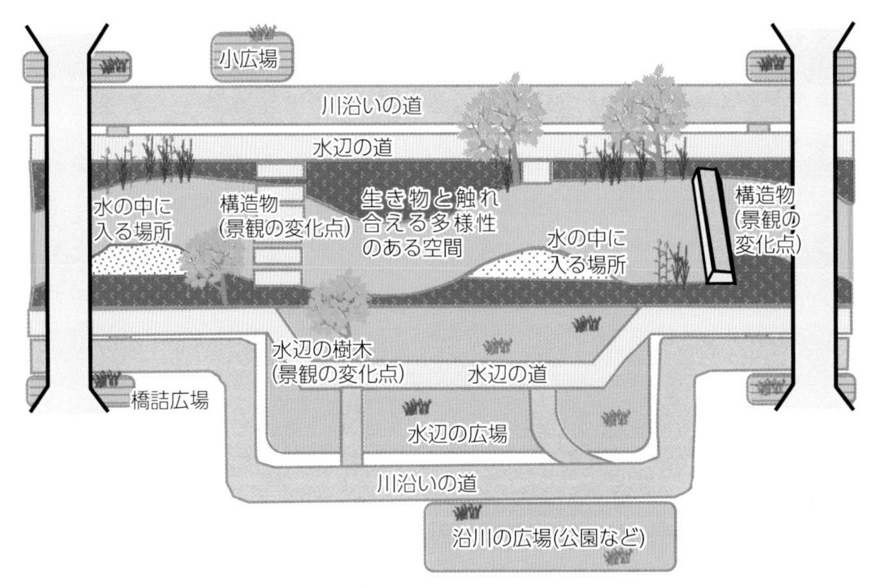

図１　水辺のプレイフルインフラ模式図

川沿いや水辺の道があること

水辺に沿って道があると人は歩きたくなります。より水面に近い水辺に道があればなおさらです。これは水辺が持つ「変幻自在を感じることのできる空間」の魅力からくるのでしょう。そして川沿いの道，水辺の道は，子どもたちを水辺に導く動線になります。水辺の道があることで，子どもたちは自由に水辺を歩くことができます。子どもたちは自分の意思で水辺を移動し，川に入る場所を選択し，川の中で遊べるでしょう。また，大人がこの道を利用することで，水辺で遊ぶ子どもたちに対する大人の目が届きやすくなることから，万が一の事故防止，防犯機能にも役立ちます。

川沿いの道は，歩行者優先の歩きやすい道，緑の多い自然を生かした道が望まれます。もう少し機能性を持たせて自転車の通行も可能とし，サイクリングや散策路としてもよいでしょう。少なくとも自動車は排除し，人々が安全に利用できる環境とすることが理想です。なお水辺の道は，老若男女，誰もが利用するためにはきれいに舗装されていたほうが便利ですが，子どもたちが駆け回って遊ぶにはあまり整備しすぎず，少しワイルドでもよいと思います。水際に沿って蛇行や起伏のある道，草の生えた河川敷の踏み跡でできた道など，管理されすぎていない自然な微地形や植生のほうが魅力的な道が生まれやすくなります。水辺の道では，整備により水際の植生など川の自然を潰してしまっては元も子もありませんので，整備の際は河川の特徴を踏まえ配置や構造を考えることが必要です。

なお，川沿いの道は，しばしば橋などを横断するところで分断され，信号や横断歩道もなく，遠回りを余儀なくされることがあります。こうした分断は，水辺を歩く意欲を低下させます。橋を横断する地点などにはできるだけ信号や横断歩道を設け，動線が分断されないよう工夫するほか，橋のたもとには休息の場を兼ねて橋詰広場を設けるなど，用地に余裕を持った設計を行うことが望まれます。

川沿いの道：緑の多い人のための散策路

水辺の道：水辺の広場にできた踏み跡が水辺の道になっている

川沿いや水辺の道

コラム⑨

80年前の東京保健道路計画[1)]

今から80年以上も前の1938(昭和13)年，都市計画東京地方委員会から「東京保健道路計画」が発表されました。これは，主に都内の河川や用水路に沿った15路線，244 kmに及ぶ歩行者専用道路（緑地）の計画であり，その使命は「自動車による歩行の危険，不快感の少しもない道を自然に親しみつつ，自由に朗らかに歩くことにより保健の目的を達すること」とされていました。当時，欧米諸国に比べて死亡率が高く，また大都市において徴兵検査の合格率が低いことなどを踏まえた健康増進，体力向上という時代的背景もあったようです。結局，この計画は実現することはなく，その名称もやがて忘れ去られていくこととなりますが，河川沿いに健康を目的として自動車に邪魔されずに歩くことのできる緑地をつくろうとしたこと，さらにはそれをネットワークとしてとらえていたこと，道路を建設するというよりも，周辺の環境や景観と一体となって路線を設定しようとしたことなど，現代にも通用する優れた考え方だと思います。水辺空間に連続する歩行者専用の道は，子どもの遊び場をつなぐ有効なネットワークとなることでしょう。

旧中川沿いの遊歩道（東京都江戸川区）

《参考文献》

1) 真田純子(2008)「都市の緑はどうあるべきか　東京緑地計画の考察から」技報堂出版

水辺の広場があること

都市の中の自然な河川は，貴重なオープンスペースです。河川敷の広場は開放的な空間でもあり，子どもたちが水辺で遊ぶときの拠点にもなります。

広場は，遊び場所，休憩場所として利用されるほか，水辺で遊ぶ子どもを大人が見守る場所にもなり，防犯や事故防止にも役立ちます。

ある程度広さが取れる場合は，多くの人が集まり，休息できる憩いの空間を目指し，ベンチや木陰などを設けるとよいでしょう。自然の河原も広場として利用できます。一方，広場を確保できない場合は，河川に隣接する公園などと川をスムーズにつなぐことも手法の一つであり，同様の機能を得ることができ

水辺の芝生広場，大人が子どもを見守る場所にもなる

大きな広場はなくても，水辺の道，水辺のデッキや木陰があれば，人の集まる広場になる

隣接する公園と一体的な整備がされている

子どもたちが水辺に来て遊ぶには，駐輪スペースは重要な小さな広場

水辺の広場

ると思います。

なお，遊びに来る人たちを見ていると，友だちと自転車で来る子どもたちや自動車で来る家族連れなどがいました。そういう場合の駐車・駐輪スペースとしても水辺の広場や隣接する小広場は有用な要素となります。また利便性向上の観点から，広場に手洗い場やトイレなどを整備できるとより子どもたちの利用促進につながります。

水の中に入れる場所があること

まちから切り離された非日常の空間へと入っていくためには，水の中に入りやすい環境も必要です。その際は子どもたちが自分の意思で水辺を移動し，川

草の生える川岸をかき分けて水に入る

河原から水の中に入る　河原は水辺の広場にもなる

階段を使って川に入る

階段や蛇カゴを使って川に入る

水の中に入れる場所

に入る場所を選択し，川の中で遊べることが重要です。そのためには，階段など安全に水の中に入れる場所を整備することも一つですが，例えば，水辺から段差のない緩やかな斜面とすること，あるいは草の生えた川岸をかき分けて水の中に入るような，多少ワイルドな環境とすることも大切です。

生き物と触れ合える，多様性のある空間であること

水辺のプレイフルインフラでは，水中や水際の多様な動植物と触れ合うことができる多様性のある空間であることが必要です。この点は，プールなどの人工的な水辺やそのほかの遊び場と最も異なるところであり，水辺のプレイフルインフラの最も重要なポイントです。

子どもたちはこのような変幻自在，ワクワク・ドキドキを体験できる水辺空間で遊びながら，川のさまざまな生態系を探求し，発見し，学んでいます。また，生き物との触れ合いを通じて，多くの感動やワクワク・ドキドキを体験します。

子どもたちは，自然な河川の持つ蛇行や起伏，足を滑らせやすい不安定な河床，変化する流れのなかで，自由に歩き，石の裏にいる川虫を見つけ，開けた場所では水をかけあい，落差工を滑り台にするなど，さまざまな変化を体験します。また，川の流れに抗い工夫しながら，川底の石を自由に並べ替えて生け簀や堰，塔をつくるなど，創造的な体験もします。

水際では，連続して生育しているオーバーハングした植生や，中州，分流でできたワンド，土がむき出しになった河岸などにおいて，ガサガサ遊びやザリガニ釣りなどの生き物と触れ合う体験をしています。その際，子どもたちは自らの知識や経験を生かし，より多くの生き物と出会える場所や方法を各々選択するなど，課題解決力を養う経験もします。また水の力や不安定な川底を感じながら，危険に対処していく方法も身につけます。

こうして，子どもたちは水の中や水辺のさまざまな地形や生物との遊びを通じて，多くの刺激を受け，「生きる力」を身につけていくのです。

なお，ここで注意することは，河川地形，水の流れ，河岸に生える植生など，自然の営力で形成された環境を生かすことであり，「多自然川づくり」の考え方

をしっかりと取り入れることです。逆に造園的な作り込みや水際を固定してしまうようなことは避けるべきです。

水の中を自由に歩いて移動

開けた場所での水のかけあい

自然の石を自由に動かして遊ぶ

植生が連続する水際でのガサガサ

生き物と触れ合える，多様性のある空間

構造物や樹木などの景観の変化点があること

河川の中や水辺には，支川の合流点，あるいは落差工や階段，飛び石などの構造物があります。これらの支川合流点や構造物は，景観に変化を与え，子どもの目を引いて水辺に近づくきっかけとなります。ただし，これらの構造物は，全体的な景観に配慮し，目立ちすぎないデザインとしたほうがよいでしょう。それでも十分子どもたちの目に止まります。なお，落差工などの治水施設は子どもの遊び場として整備することはまずありませんが，子どもは大人の考えつかないところを遊び場とするもので，落差工もまたしかりです。そのため，例えば堰下にはリサーキュレーション（循環流）が生じないようにするなど，できる限り安全にも配慮することが望まれます。

また，水辺の樹木は景観に変化を与えるほか，人が休息できる木陰や生物の生息環境など多様な効果が期待されます。水辺の樹木を残す，また治水上の安全性を検討したうえで植樹するなど，水辺の樹木を保全・創出することも大切なポイントとなります。

人工的に石で囲った湧水出口に集まる子どもたち

渡り石周辺で川に入って遊ぶ子どもたち

アイストップになる木を生かす

落差工の下流側の深みで遊ぶ子どもたち

構造物や樹木などの景観の変化点

6-4 まちと水辺をつなぐプレイフルインフラ

子どもたちが身近な自然的空間としての水辺で伸び伸びと遊び，学ぶためには，家や学校，公園などの子どもたちが日常を過ごす空間と水辺とを安全につなぐ道が欠かせません。また，道以外にも人を水辺へといざなうようなまちの要素があります。これらの要素自体もまた，子どもたちをワクワク・ドキドキさせ，外遊びへといざなうようにすることによって，プレイフルインフラとすることができます。

ここでは，このようなまちと水辺をつなぐプレイフルインフラの要素について「4-4　遊びやすい空間の構造」の遊環構造の原則を応用する形で取りまとめてみました（**図2**）。

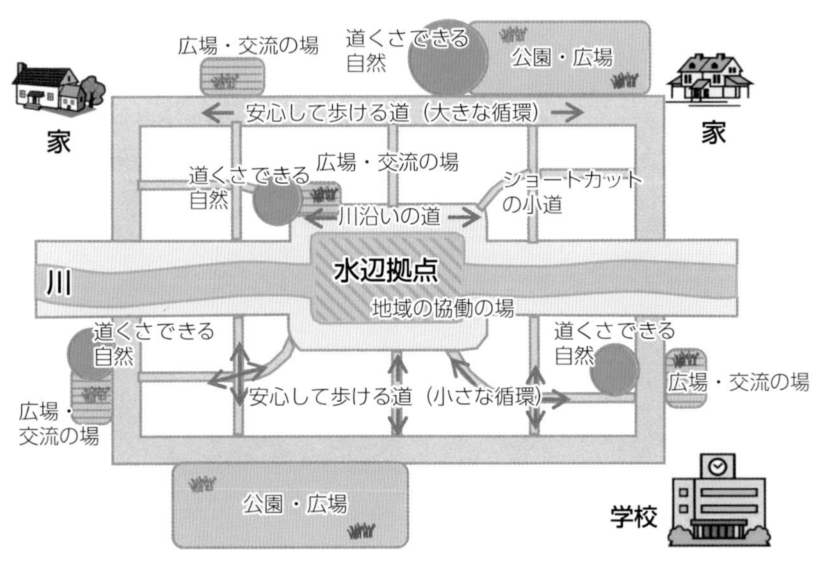

図2　まちと水辺をつなぐプレイフルインフラ模式図

子どもたちが安心して歩けること

子どもたちが水辺で遊ぶためには，第一に，家や学校，公園など日常を過ごす空間と水辺とを安全につなぐ道が必要です。

これらの道は，車の通行を排除した歩行者専用道路であることが望まれますが，完全な歩行者専用ではなくても，1970 ~ 1980 年代に盛んに取り組まれていた「遊戯道路」などのように時間によって車の通行を規制する，あるいはボンエルフのように車の速度を上げられないような構造にする，地域内の車，福祉・介護目的の車両のみ通行を許可するなど，車と歩行者との共存を図るためのさまざまな工夫を考えてみてもよいでしょう。

このときに大切なのは，ごく限られた区間だけにこのような道を設けるのではなく，子どもたちの生活空間にある学校，公園，水辺などの主な遊び場をネットワークとしてつなぎ，それらを循環できるルートとして確保することです。それも，限られた特定のルートだけを大人が決めて子どもたちに与えるのではなく，いくつものショートカットにより大きな循環，小さな循環が複雑に絡み合って，子どもたちがルートを自由に選択できるようになっていることが望まれます。子どもたちは狭い路地を見つけては神出鬼没の行動をすることが大好きです。

住宅地をぬけ水辺に直結する道のイメージ，住宅地の中の歩行者専用の緑道

自動車がスピードを出しにくいよう，木々を用いて交通静穏化した道

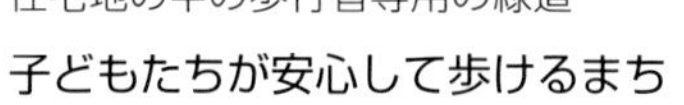

子どもたちが安心して歩けるまち

コラム⑩

ウォーカブルなまちづくり

2020年6月，国土交通省道路局は新たな道路政策ビジョン「2040年，道路の景色が変わる」を取りまとめました。この中では道路政策の原点を「人々の幸せの実現」と定義し，政策の方向性の一つに「行きたくなる，居たくなる道路」を掲げています[1)]。同じく国土交通省都市局においても，2019年に立ち上げた「都市の多様性とイノベーション創出に関する懇談会」の提言として，「『居心地が良く歩きたくなるまちなか』からはじまる都市の再生」をうたい，「まちなかウォーカブル推進事業」の創設（2020）や「ストリートデザインガイドライン」の策定（同）などの関連施策を展開しています。このように人を中心にすえたウォーカブルなまちづくりがいま注目を集めています。

かつて，子どもたちは道端や路地，空き地や原っぱなど，まちのいたるところを遊び場としていました。今から考えれば危険もたくさんあったと思いますが，誰かしら大人たちに見守られるなかで，子どもたちは伸び伸びと外遊びを楽しんでいました。しかし，都市の近代化は，それらの空間を無駄な存在として排除していきます。子どもたちは遊び場を奪われ，学校や公園，運動場などに押し込められていきました。今後，withコロナの生活を余儀なくされるなかで，インフラ整備における対策の一つとして，「人のための豊かな空間を確保する」ことがますます重要になっていくと考えられます。それは，これまで無駄な存在として排除してきたものを取り戻すことでもあります。

丸の内ストリートパーク（東京都千代田区）

《参考文献》

1) 国土交通省道路局（2020）「2040年，道路の景色が変わる～人々の幸せにつながる道路～」https：//www.mlit.go.jp/road/vision/index.html

コラム⑪ 遊び場としての「道路空間」の可能性

1950 ～ 1970 年ごろ，自動車の増加とともに交通事故死者数が急増して交通戦争と呼ばれていました。児童公園などの整備も進められていましたが，都市部では地価高騰もあって思うように土地の確保が進んでいませんでした[1]。

このような背景の中，子どもを交通禍から守るために，私有地，社寺境内地，遊休工業用地，高架下空地などを遊び場として開放する施策[2]が進められました。1970 年代になると交通事故の死者数は減少していきましたが，歩行者事故の 2 割以上が 6 歳以下[3]という深刻な状況が続きました。都市では空地利用だけでは足りないとの考えから，道路の通行を規制して遊び場とする「遊戯道路」の指定[4]が行われました。「遊戯道路」は，東京都内では年 100 か所のペース[5]で指定され，交通安全教育などの取り組みと相まってその後の子どもの事故の割合は急激に減少していきました。

一方，最近の子どもたちは，遊びの多様化に加え，習い事などに忙しく，昔と比べて外で遊ぶことが少なくなってきたといわれています。学校と家，習い事への移動の途中にある近所の路地や住宅地の道路が，車両の通行に脅かされることなく，安心して過ごせる空間となれば，遊びを目的に移動する時間もないような子どもたちにとって，スキマ時間で遊べる機会にもつながります。

住宅地の道路で遊べる空間を実現するためには，「遊戯道路」と同じように

道路を規制した遊び場（東京都北区）

時間規制で空間利用を切り分ける方法や，普及が進むマイクロモビリティを含むすべての車両の通行を 10 km/h 以下の低速に規制するなど，子どもの遊びと地域の交通を共存させる方法もあります。地域内の対話を図りながら,「遊び」と「移動」という異なる利用目的を道路空間で同時に実現することができたら，コミュニティも自然と芽生えて素敵な地域が実現するのではと思います。

《参考文献》

1) 東京都 (1967)「とうきょう広報 '67. 7」第 18 巻，第 7 号
2) 建設省都市局 (1968)「児童を交通禍から守るための緊急措置について (昭和 43 年 8 月 30 日建都公緑発 47 号　都道府県知事あて建設省都市局長通達)」
3) 警察庁 (1973 ~ 1979)「警察白書 昭和 48 年~ 54 年」
4) 交通対策本部 (1970)「こどもの遊び場確保のための当面の措置についての申し合わせ (昭和 45 年 4 月 16 日交通対策本部幹事申し合わせ)」
5) 内海皓平・嶋本宏征・大月敏雄 (2019)「東京都区部における歩行者用道路の普及に関する考察」日本建築学会大会学術講演梗概集

ところどころに人が集まる場，交流する場があること

学校や家などと水辺をつなぐ循環の道には，サポーターの活動拠点やコンビニ，広場などのように子どもや地域の大人が集まる場所があると，自然と多世代間の交流が行われるようになります。このことは，子どもたちが遊び，利用する道のあちこちに，常に大人たちの目が届くことにもつながります。安全・安心のために，必要な要素となるでしょう。

この要素は，必ずしも立派な施設である必要はなく，ちょっとした広場や空き地，原っぱ，公開空地，寺社の境内などでも可能です。そこに，休憩できるベンチやトイレなどが設置されていれば，さらに便利で機能的な空間となるでしょう。

まちの中に大小さまざまな広場や公共施設があり，それらが車に脅かされない安全な道で結ばれていれば，子どもたちが伸び伸びと遊ぶことができるだけでなく，高齢者や障がい者が積極的に外に出ることができ，みんなが元気に暮らせるまちづくりにもつながります。

コラム⑫

大人たちの目の届く住宅地の中のコモン空間

福島県伊達市にある諏訪野団地は，環境との共生を目指した宅地開発を促進する「環境共生住宅市街地モデル事業」の一環として開発が行われ，1995年に分譲が開始された住宅団地です。緑豊かなその街並みは「公園の街」と称するにふさわしいものです。この団地の基本設計を手掛けた，建築家の故宮脇檀氏は，「コモン」と呼ぶ住宅地設計思想を取り入れました。コモンとは5～10軒程度の住宅に囲まれた広場であり，いわば公と私との中間的な領域（セミパブリックスペース）です。家々の玄関はすべてコモンに面しており，コモンは良質なオープンスペース，向こう三軒両隣のコミュニティ形成空間，子どもの遊び場などとして機能しています。コモンの街路は車止めにより通過交通が入れないようになっています。諏訪野団地では，こうしたコモンがクラスター型に配置されて，全体のコミュニティを形成しています。昔，日本の都市においても多くの路地が存在し，路地の奥には広場ともいえないようなちょっとした空間がありました。ヨーロッパの街に見られる中庭も同じような空間といえるでしょう。まわりの家々の子どもたちはその広場で大きな子から小さな子までが一緒になって遊びながらさまざまなことを学んでいました。そこに大人の姿はなくても，どこかで見守られている安心感がありました。自動車ばかりがわが物顔で走り回り，子どもが安心してまちなかで遊ぶことのできない今，路地やコモンのような空間こそ必要なのではないでしょうか。

諏訪野団地（福島県伊達市）

「道くさ」ができる自然があること

子どもたちが遊ぶとき，家や学校から目的地である公園や水辺に向かって一目散に進んでいくとは限りません。子どもたちは途中さまざまなところで道くさや寄り道をすることが大好きです。つまり，子どもたちにとっては，水辺や公園への行き帰りも遊びであり，道そのものが遊び場になります。

例えば，道端にクローバーやオシロイバナ，ツバキの花などがあれば花摘みや種取り遊び，蜜吸い遊び，緑道沿いに用水路などがあれば魚とりや葉っぱ流し，誰もが採ってよいカキやクリなどが植えてあれば柿狩りや栗拾い，車の通らない道なら石蹴りもグリコジャンケンも気兼ねなく，緑の多い道を使った自然と触れ合える多様な「道くさ」が楽しめます。

小さな水路のある緑道で魚とりする子どもたち

子どもたちが道くさを食う場所は，住宅や店舗などの私的な空間と道や公園などの公的な空間の境目にある空間などがありますが，なかでも特に楽しく，ワクワク・ドキドキするのは生き物と触れ合える場所です。したがって，子どもたちが遊ぶ道には，小さくてもよいので，自然と接することのできる場所があるとよいでしょう。例えば，ドングリ拾いのできる神社や寺院の境内，木々の多い公園，虫とりのできる草地や広場などは格好の遊び場になります。

都市の中に自然を保全，再生，創出する仕組みとして，「6-1　プレイフルインフラ」で紹介したように近年「グリーンインフラ」が注目されています。まちの中にグリーンインフラを導入する事例としては，例えば，道路の舗装を透水性舗装にしたり，道路の側溝にバイオスウェル（生物低湿地）を用いたり，緑地をレインガーデン（雨水浸透緑地帯）にするなどの雨水浸透施設が考えられます。雨水浸透施設や緑地は，ゲリラ豪雨などによる浸水被害の低減，地下水の涵養，ヒートアイランド対策などに効果があります。また，街灯などは太陽光発電にするなど，環境への負荷を少なくする施設の導入が望まれます。ここでいう「道くさ」ができる自然は，このグリーンインフラの一つでもあると考えられます。このような環境での遊びを通じて，子どもたちは生物多様性や地球環境問題についても学ぶことができます。

プレイフルインフラは，子どもの視点から考えるインフラですが，環境問題や健康問題など，都市の抱える課題への対策と親和的な部分がたくさんあります。子どもの視点から考えるまちづくりは，数年後には大人になる今の子どもたち，そして次の世代の子どもたちへと，時代を越えて，子どもたちの笑顔があふれる持続可能な社会の構築（SDGs）にもつながるものとなるでしょう。

ドングリ拾いのできる森

透水性舗装をした道と，側溝のバイオスウェルの事例

「道くさ」ができる自然

コラム⑬

都市の中の自然と社会の接点「まちニハ」

東京工業大学名誉教授の中村良夫氏は「まちニハ」という概念を提唱しています。ここで「ニハ」とは，景色が良く，山水の気配がみなぎっている庭園であると同時に，土くさい空間の中で共同体のさまざまな行事が行われる場所のことをいい，都市空間の中にそのような場を引き継ぐ空間として「まちニハ」を定義しています[1)]。これは例えば路地，生け垣，軒下，縁先，湧き水，せせらぎ，境内，原っぱなど，いわば都市の中の自然と社会の接点，公と私の境界にあたるような場所に存在する，公とも私ともつかない，あいまいな空間のことといえます。このような空間では，適度に自然の気配が感じられるとともに，適度に人のにぎわいも感じられ，そこに居心地の良さが生まれます。そして，これらはかつて子どもたちの恰好の遊び場でした。子どもたちは何かあるとこのような場所に集まり，あるいは学校の行き帰りにこのような場所で道くさをくっていました。遊びに夢中になると，「私」の領域に踏み込んでしまい，家や土地の所有者に怒られることもしばしばでしたが，大人たちはたとえ怒ったとしても，柵を設けて締め出すようなこともあまりしていなかったように思います。公開空地，オープンガーデン，親水緑道などは現代版「まちニハ」とみることができますが，それでもこれらの施設はちょっときれいに整備されすぎているため，子どもたちには居心地が悪いかもしれません。

「まちニハ」は地域のシンボリックな場所，恰好の道くさの場所

《参考文献》

1）中村良夫・鳥越皓之・早稲田大学公共政策研究所（2014）「風景とローカル・ガバナンス」早稲田大学出版部

コラム⑭

子どもたちがワクワクする「食べられる景観」(Edible Landscape)

「景観を食べる」ってどういうことでしょうか？　千葉県松戸市にある千葉大学では，大学生と住民の方々が一緒になって「Edible Way」プロジェクトを実施しています。Edible とは，「食べられる，食用に適する」という意味ですから，まさに「食べられる道」ということになります。写真のお宅の塀の前に黒いプランターが並んでいます。沿道の小さなスペースを活用して，住民の皆さんが持ち運び可能なフェルト製のプランターに野菜を育てているのです。育てた野菜は各家庭で消費したり，持ち寄って共食活動に利用されるなど，人と人，人と緑がつながり，そこに新たなコミュニケーションが生まれます。このような「食」を介した地域活性化，コミュニティ形成の取り組みは，「Edible Landscape」として欧米の都市において近年盛んに取り組まれているようです。

学校からの帰り道，こんな空間を見つけたら，子どもたちは文字どおり「道くさをくう」ことになるかもしれません。

Edible Way（千葉県松戸市）(提供：木下　勇)

コラム⑮

治水施設を憩いの水辺に変えたグリーンインフラ

柏の葉アクアテラスは，千葉県柏市にある洪水を防ぐための調整池です。土地区画整理事業の一環として，面積約 2.4 ha，外周約 800 m の池が整備されました。その後，周辺のまちづくりが進められるなかで，公共（千葉県，柏市）と民間事業者が連携し，市民が憩える緑豊かな親水空間として再生されました。調整池は大雨などの際に下流の河川が氾濫しないように水を一時的に貯えるための施設です。このため，通常は安全のためにフェンスなどで囲まれた閉鎖空間とされ，ふだんは水がなく，見た目も機能本位の殺風景なものとなりがちです。しかし，柏の葉アクアテラスでは水辺が市民に広く開放され，自然豊かでにぎわいのある空間が実現しています。そして，その空間を維持するため，公共と民間の連携による維持管理が行われ，隣接する商業施設などと連携したイベントなどの取り組みが進められています。街と池との一体性を高めるためのアクセス性，回遊性を重視した動線が計画され，舗装，擁壁，什器，照明などの素材，色彩，形状についても統一感を与えるなど，デザイン上のさまざまな工夫が行われています[1]。このように，自然環境や景観が向上することで，今後調整池の設置が促進され，防災機能の強化に結び付くことが期待されます。柏の葉アクアテラスは，調整池としての治水機能と，都市機能に隣接して，誰もが心地よい時間を過ごすことができる豊かな水辺空間としての自然環境機能とを両立させた，グリーンインフラの一例です。

柏の葉アクアテラス（千葉県柏市）

《参考文献》

1) 土木学会（2018）「土木学会デザイン賞」
http：//design-prize.sakura.ne.jp/archives/result/1047

地域の協働の場であること

子どもたちが主役となるプレイフルインフラの整備や維持管理は，地域の協働で行う仕組みが必要です。道路や公園を整備，管理するのは行政の仕事ですが，行政に任せっきりにするのではなく，その地域の子どもたちや大人たちが，本当に自分たちにとって必要な環境を整え，また地域でできる範囲での清掃活動や維持活動などを行うことによって，その道路や公園が自分たちの大切な財産であるとの意識が芽生えます。地域の子どもたちや大人たち，地域の企業，団体，学校，NPO などが関わることで，多様な交流が生まれ，遊びが伝承され，地域の活性化にもつながります。また，常に子どもたちを見守る大人たちの目が届くことにもつながるでしょう。

このような小さな草の根運動的な活動が，安全・安心の大きな基盤につながり，結果として街の中での水辺の利用促進にもつながるのです。

地域の人々による清掃活動

子どもと大人が空間を共有することで，ふだんから大人が子どもを見守ることにつながる

地域の協働の場

コラム⑯

安全・快適に遊ぶための啓発看板

水辺や道で子どもたちが安全に遊ぶためには，想定されるリスクに対する注意喚起を行うことも大切です。水辺などでは「キケン」，「遊ぶな」などの看板をよく見かけることがありますが，ただ，危険な場所だから近づくなとするだけではなく，どういう危険があるのか，どういう危険が生じうるのか，その危険を回避するためにはどうすればよいのか，子どもたちにも理解できるような注意喚起を行い，ある年齢から上の子どもたちには，自ら考えさせる仕組み，小さな子どもたちには，保護者などが的確に注意してあげられるような情報が必要です。また，トイレなどの利便施設の案内や，近くの公園までの道のりなどの案内看板もあると便利でしょう。

もちろん，公園や道路，水辺には，すでに多くの看板が目に入ります。しかし，なかには，水辺を眺めるために置かれたベンチの前に，大きな「ゴミ捨て禁止」の垂れ幕が視界をふさいでいるような例があります。またせっかく案内図や施設の説明の看板を設置していても，汚れたり破損したりして読めなくなっているものも多く見られます。これではまるで逆効果です。子どもたちに必要な注意喚起や案内を行う場合には，それらを担当する行政や団体が連携して，わかりやすさ，適切なメンテナンス，掲示場所への配慮，街並みとの統一感などに十分留意する必要があります。

水辺の啓発看板の例

イラスト：広野りお

6-5 プレイフルインフラと大人の足場かけ

プレイフルインフラとは，子どもが伸び伸びと遊び，遊びを通じて学び，育つことのできる空間であり，その空間を創り出すインフラ施設のことです。ここまでは主に水辺空間と，水辺とまちをつなぐ道空間について述べてきました。このようなプレイフルインフラは，何よりもまず子どもの視点で考え，創り出した環境で子どもが伸び伸びと活動を行い，その管理，運営にも子どもが主体的に参加することが大切です。

しかし,水辺での遊びにはさまざまな危険が伴いますので,子どもたちをほったらかしにすることはできません。また，子どもたちが遊びの中でつまずいたときには，大人が適切に足場をかけることで，子どもたちはさらに学ぶことができ，高みへと成長していきます。すなわち，プレイフルインフラでは，大人がいかに足場をかけるかも重要になってきます。

プレイフルインフラにおける大人の足場かけについては，主に次の三つの視点が挙げられます。

①　災害や事故あるいは犯罪から子どもたちを守るための大人の見守り
②　子どもの興味や関心に基づいた遊びや学びの支援・誘発
③　参加と協働を通じた地域コミュニティの形成

これらの大人の足場かけのために大切なことを考えてみました。

見守りの目が届く環境づくり

自然な河川では，急な増水が生じる可能性があります。そうでなくても，水辺ではさまざまな水難事故に注意しなければなりません。また，街のにぎわいとははずれた場所では残念ながら犯罪にも気を付ける必要があります。これらを防ぐためには，何よりも大人の見守りが重要となります。

そのため，子どもたちが集まり遊ぶ水辺や道は，大人たちも日常的に利用し，常に大人の目が届くようにしておくことが必要です。具体的には，大人の目が届きやすい空間とすること，大人も居心地の良い空間とすることです。ベンチ，トイレ，階段などの利便施設や健康増進のための施設があれば，高齢者の外出意欲向上にもつながるでしょう。また休憩する空間には，寝転がれる芝生広場や日陰となるよう樹木が植えられていることも好まれると思います。

プレイリーダーやサポーターの育成

子どもたちと水辺との間のつなぎ目をつくるためには，まず大人たちも子どもたちと一緒になって水辺に親しみ，水辺で遊ぶことの面白さを，子どもたちに伝えていくことが大切です。そして，一緒になって遊んだり，体験したりするなかで，学校教育や大人主導の教育だけではできない，さまざまな促しや誘導を通して，子どもたちが自ら感性を育むことの援助をすることができます。

このようなつなぎ目づくりは，家族や学校や地域の高齢者や住民など，すべての大人の役割ではありますが，そうしたなかでも，例えば子どもの遊びや水辺での体験活動，自然観察など専門的な知識や技術を身につけたプレイワーカーやサポーターがそれぞれの地域に存在すると心強いものがあります。

例えば，私たちが今回調査した，落合川や和泉川では，川沿いに川遊びを支える地域サポーターの存在がありました（**図3**）。

落合川では，「東久留米・川クラブ」が，定期的に開催される「川塾」を支援し，子どもたちによるゴミ拾いや魚とり，生き物観察などの活動が行われています。また，生き物捕りの道具を子どもたちに貸し出しており，学校帰りの子どもたちの集合場所となっていました。

和泉川では，「瀬谷環境ネット」が定期的にゴミ拾いや生き物観察会などの活動を行っています。「瀬谷環境ネット」では和泉川で捕獲した魚を水槽にいれて「和泉川ミニミニ水族館」として展示し，誰でも観察できるような活動もしています。

これらの地域では，実際に川遊びを行う子どもたちを現地で支援しているほか，地域の小学校や教育委員会と連携し，子どもたちが安全に川遊びに親しむきっかけづくりの活動を行っています。

このように，地域に根差して活動するサポーターが見守っていることにより，子どもが安心して川で遊べる，親が安心して川へ送り出せる環境が作られてい

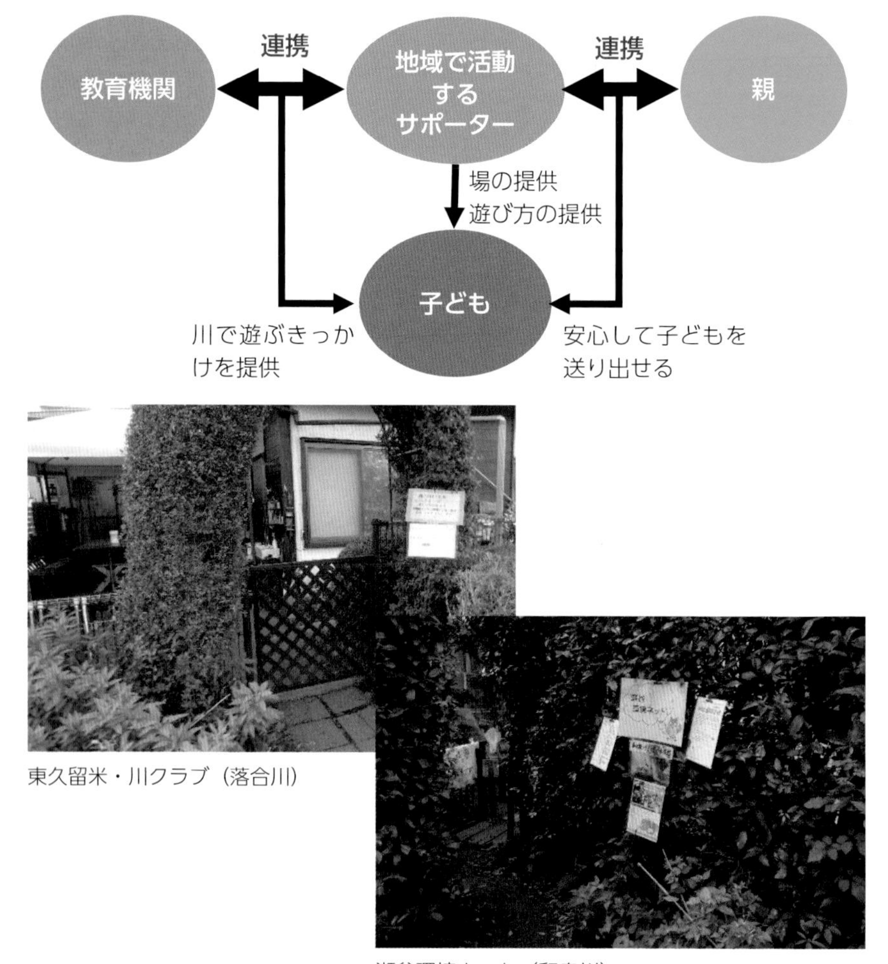

図３　サポーターの活動拠点

くのだと考えます。

全国レベルでは，「2-1　川づくりのあゆみ」でご紹介した「子どもの水辺サポートセンター」や「NPO 法人　川に学ぶ体験活動協議会」などの組織が，さまざまな情報提供，人材育成など地域のサポートを行っていますし，各地域にも熱心な水辺での活動や水辺環境の保全に取り組んでいる NPO が多くあります。こうした組織を通じて，それぞれの地域において，持続可能な活動や継続的な人材育成に取り組んでいくことが望まれます。

多世代交流が活発に行われる地域づくり

先に述べたように，プレイフルインフラとしての水辺や道の整備や管理，運営を行っていくうえでは，第一に，そこで遊ぶ子どもたち自身が参加して，その意見が反映されていくような仕組みが必要です。自分たちが参加することにより，より遊びの面白さや学びを身につけることができますし，その環境を大切にしようと思う気持ちが育まれます。

同じことは大人たちにもいえるでしょう。子育て世代だけではなく，高齢者から若者まで，その地域に暮らし，地域に学び，地域で働き，そして地域を訪れる多くの人たちが，プレイフルインフラを参加と協働のデザインで考えていくことで，より子どもたちにとって望ましいプレイフルインフラが実現し，将来にわたって大切に使われていくことになります。

このようにしてプレイフルインフラに参加と協働のデザインを取り入れていくことで，その地域では多世代間の交流が盛んになり，生き生きとした地域づくりにもつながっていくものと考えられます。プレイフルインフラは，子どもから大人まで，多様な人たちが集い，楽しみながらつくりあげていくものであり，それを構築する過程自体がプレイフルであることが大切です。

最後に，身近なプレイフルインフラを地域の力でつくり，育てていくためのプロセスの例を紹介します（**図 4**）。

図4 地域の力によるプレイフルインフラづくりのイメージ

(イラスト：寺田光成，エルミロヴァマリア)

① 見てみる

地域を流れる身近な川を訪れていろいろ調べてみる

- 川ではどんな遊びができるのかみんなで考える
- どんな生き物がいるか探してみる
- 水のきれいさ，汚さを調べてみる
- 家や公園から川までの道を歩いてみる
- どのような禁止看板があるのか調べてみる

⇒ 「三世代遊び場マップ」を作ってみよう

⇒ 「川の一日プレーパーク」を実施して，川で遊んでみよう

② 考えてみる，描いてみる

どんな川になったら楽しいかみんなで考えてみる

- 学校の授業を通して話し合ってみる
- 川はどうあるべきか地域の人たちと話し合ってみる
- 誰がどのような禁止事項を出しているのか確認してみる
  - ⇒　「こどもワークショップ」を開いて，みんなの「夢の川」の絵を描いてみよう

③ 部分的につくる・改善してみる

「夢の川」がどうしたら実現するか，実際に工夫しながらやってみる

- 専門家に話を聞いてみる
- 近くの事例を見に行ってみる
- 地域の人たちの得意分野でできることをやってみる
- 誰がどのように安全を確保できるか考えてみる
  - ⇒　住民参加による「小さな水辺再生」に取り組み，自分たちでできる工夫をしてみよう，工夫してみて失敗したらやり直してみよう

④ 遊ぶ・振り返る

自分たちで考え，工夫した川で実際に遊んでみる

- プレイリーダーやサポーターになってくれる人をみつける
- 水辺にみんながいつでも集まれるような場所をつくる
- 地域のイベントを開催してみる
- 使っているうちに見えてきた出来事や課題を振り返ってみる
  - ⇒　地域の自治会や NPO の人たちと一緒に拠点づくりを行おう

《参考文献》

1）上田信行・中原 淳（2013）「プレイフル・ラーニング～ワークショップの源流と学びの未来～」三省堂
2）日本学術会議子どもの成育環境分科会（2020.8）「気候変動に伴い激甚化する災害に対しグリーンインフラを活用した国土形成により“いのちまち”を創る」
http：//www.scj.go.jp/ja/info/kohyo/kohyo-24-t294-2-abstract.html

7 子どもが安心して遊べるように

子どもたちが水辺で遊ぶとき,
さまざまな危険も伴います。
危険だからと遊ばせないのではなく,
安心して遊べる仕組みづくりについて考えてみました。

7-1 川遊びのリスクマネジメント

毎年, 夏になると水難事故が絶えません。子どもの事故も十数％を占めます。レジャーに行った川や海では, 流れが急なところや深みのところなど危険な場所がわからず, 潜んでいる危険性に無知なため事故が起きるのでしょう。浅いところでも潮の引きや流れが強いところでは足がすくわれること, また, 急に深みがあることなど, 小さいころから水の怖さを知らないことで起こっている事例も少なくありません。

警察をはじめ多くの安全管理の組織が作成している安全な水遊びのガイドラインにはライフジャケットをつけて遊ぶことが推奨されています。しかし, ライフジャケットに対する過信は, 2019年8月の遊園地のプールで浮きマットの下で8歳の女児が溺れ死んだ事故のような悲劇を生むこともあります。「手や足で水を掴んでかいてみると動く」,「息を吐いて止めると潜ることができる」,「息を止めていくつ数えるまで潜ることができる」など, 遊びながら川や海などの自然の水辺の特徴を知ることで, 自分でリスクマネジメントできる力を養うことができ, それが安全につながります。

ここでは大人の監視や物理的な安全策を講じるだけではなく, 子ども自身の危険回避や危険対処のリスクマネジメント能力を高めることも含めて, 川遊びのリスクマネジメントとします。

水難事故と対策

2020年の水難事故は1,353件で死者・行方不明者は722人, そのうち中学生以下の子どもの水難事故は117件で, 死者・行方不明者は28人でした（警察庁生活安全局生活安全企画課）[1)]。子どもの交通事故死者数はその3倍近くですので, 統計的には子どもの交通事故防止を優先するべきかもしれませんが, 水難事故はちょっとした注意で防げたのにと後で悔やまれる点や, 下記の事故のように助けようとした人も溺れて亡くなるという悲劇の連鎖にもつながるので怖いものです。

「キャンプ場そばの川で5歳男児と8歳女児が流されて救助されたが，助けにいった女性が溺れて死亡。3家族でキャンプに訪れており，子ども5人だけで川で遊んでいたところ，女児が溺れ，助けようとした男児も溺れた」（2017年7月千葉県）

川は水の流れによって川底が掘られてできた深みがあります。一般社団法人水難学会では以下のように述べています。

「膝下くらいの水深から急に深くなる深みに人をはめます。これを沈水といいます。沈水は，あっという間の出来事です。一瞬で水中に姿を消して，浮き上がってきません。暴れも何もしません。河川での多くの事故はこの沈水を原因とするもので，いわれるほど複雑な過程を経るわけではありません。

突如姿を消した子どもを追って，友達や大人が飛び込みます。これを後追い沈水といいます。後追い沈水による致死率は極めて高く，救助をしようとして命を落とすこの様子を救助死と特に呼びます。」

このように後追い沈水の致死率が高いのも，テレビや映画で見るようなすぐに飛び込んで助け出すというシーンの見過ぎかもしれません。大声で人を呼び，ロープなどを投げること，また泳いで助けに行くならばライフジャケットか浮きになるものを身につけるなど沈着冷静な行動がその救助死を防ぐことになるでしょう。

水難事故の半数が川で起こっていますし，2020年では64%も占めていました（**図1**）。海には波があり，それがある程度怖さをも感じさせるでしょうが，川は水面が静かに見えても水面下にはいろいろな危険があることも川の怖い一面です。

水難事故による死者・行方不明者のうち子どもの割合は約4%，とりわけ小学生が多くなります（**表1**）。また死者・行方不明者の事故に遭う最も多い行為は水遊びです（**表2**）。水遊びといってもいろいろです。潜ったり，水をひっかけあったり，飛び込んだり，浮き輪やマットで浮かんだり，また泳ぎの競争など子ども同士での遊びの中で偶発的にいろいろなことが起こります。しかし川は前述のように急に深いところがあったり，急に流れが強いところがあったりと，どこも同じ安定した環境ではありません。そういう危険性を知ら

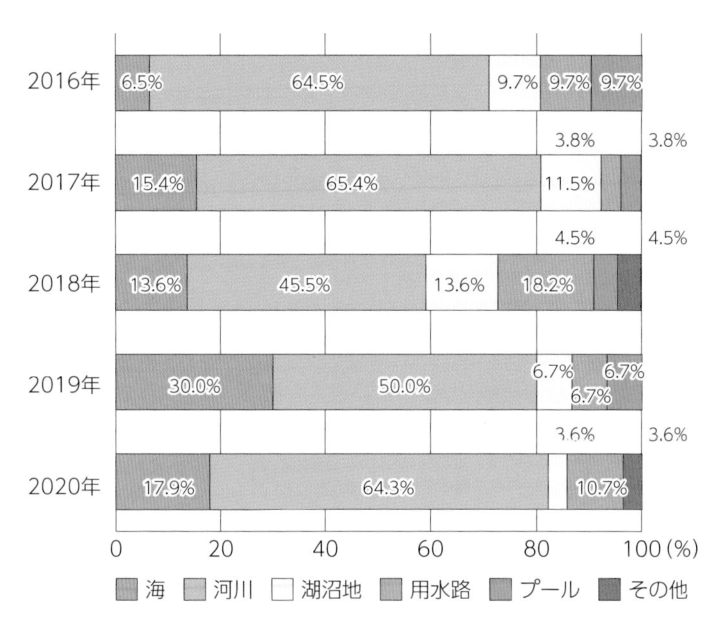

図1　子どもの水難事故死者・行方不明者場所別構成比の推移（警察庁）[1]（作成：木下　勇）

ないなかで遊びに夢中になると，危険なところにはまり込んでしまうのです。しかも溺れて助けを呼んでいるなら，すぐにわかりますが，深みにはまり水の中に沈んだら，声を出そうとすると余計に水を飲み声を発せずに突如消えてしまうこともあります。たいへん怖いことですが，昔の人は河童が引きずり込んだなどと水の遭難を妖怪か魔物の仕業とし，危険な場所，危険なことをいい伝えていました。

警察庁では，水難事故防止対策[1]を示しています。それによれば，水難事故を未然に防ぐためには，以下のような点に留意する必要があるとされています。

◎危険箇所の把握：魚とり・釣りでは，転落などのおそれがある場所，水泳や水遊びでは，水（海）藻が繁茂している場所，水温の変化や水流の激しい場所，深みのある場所などの危険箇所を事前に把握して，近づかない。また，子どもを危険箇所に近づけない。

◎的確な状況判断：風雨，落雷などの天候不良時や上流で雨が降っているなど，

表1 水難事故死者・行方不明者の年齢別数（警察庁）[1)]（作成：木下 勇）

	2016年	2017年	2018年	2019年	2020年	
	人数	人数	人数	人数	人数	構成比
子ども	31	26	22	30	28	3.9%
未就学児童	6	9	6	7	5	0.7%
小 学 生	17	11	10	22	16	2.2%
中 学 生	8	6	6	1	7	1.0%
高校生又はこれに相当する年齢の者	16	19	17	15	16	2.2%
高校卒業に相当する年齢以上65歳未満の者	322	273	299	296	286	39.6%
65歳以上の者	426	344	339	329	369	51.1%
合計（人）	816	679	692	695	722	

表2 子どもの水難事故死者・行方不明者の行為別数（警察庁）[1)]（作成：木下 勇）

	2016年	2017年	2018年	2019年	2020年	
	人数	人数	人数	人数	人数	構成比
水泳	4		6	2	5	17.9%
水遊び	14	12	11	14	13	46.4%
魚とり・釣り	2	5		3	4	14.3%
作業中						
通行中	2	1	1	3		
その他	9	8	4	8	6	21.4%
陸上における遊技・スポーツ中	5	2	1			
ボート遊び		1				
水難救助活動						
シュノーケリング						
スキューバダイビング						
サーフィン						
そ の 他	2		1	2	1	3.6%
不 明	2	5	2	6	5	17.9%
合計	31	26	22	30	28	

河川の増水のおそれが高いときには，釣りや水泳を行わない。また，体調が悪いとき，飲酒したときなどは，海，河川に入らない。

◎ライフジャケットの活用：釣りやボートなどで水辺に行くときは，必ずライフジャケットを着用（体のサイズに合ったものを選び，正しく着用）する。

◎遊泳時の安全確保：掲示板，標識などにより危険区域と標示された区域内に入らない。遊泳区域を標示する標識，浮きなどを移動し，または損壊しない。遊泳区域以外の水域で遊泳しない。遊泳中，他人に抱きつくなどの遊泳上危険な行為をしない。遊泳にあたっては，水深，水流を考慮し，安全な方法で遊泳する。

◎保護者等の付添い：子どもの水難防止のため，子ども一人では水遊び等をさせず，幼児や泳げない学童等には，必ずライフジャケットを着用させ，その者を保護する責任のある者が付き添うなどして，目を離さないようにする。

これらはもっともなことですが，小学生など子どもだけで水遊びすることも少なくありません。ライフジャケットをつけて遊ぶとは限らず，また水際から落ちてしまったという場合もあります。上記の留意点に欠けているのは子ども自身が水難事故のリスクマネジメントの力を育む観点です。

子ども自身が川遊びの危険性を熟知したうえで，もし溺れそうになったときも慌てずに浮くことができることを会得しておくことで，助かる確率ははるかに上がります。これを「浮いて待て」といいます[2)]。川の場合には下流に流されても，海のように沖に流されることはありません。

この慌てずに浮く，力を抜いて背浮きするというのは，経験で会得していくものです。仰向けに身体を反らし気味に（お尻をさげない）力を抜いて，口だけは水面から出るようにして，口から空気を吸い，鼻から息を出して，ぷかぷか浮くということです。子どものときから水遊びしている子ならば背が立つところで，この気持ちのよいプカプカのコツを身体で覚えるものですが，今はそういう経験が少ないのでプールで訓練をします。泳ぎをマスターしていなくても，これさえできれば，時間を稼いで助けを待つことができます。

人間の身体の 2% は水面から出るといわれています。立った姿勢では口を水面から上にするには立ち泳ぎをずっとしている必要があります。シンクロナイズドスイミングの選手でもない限り，すぐに疲れてしまいます。したがって**図2**のように手足を広げて，顎を少し上げて力を抜いてプカプカ浮くことがベストです。これも経験を積んで感覚的に身体が覚えていないと，いざというときに対応できません。そのため,小さいころから着衣でこの「浮いて待て」の訓練をしておくとよいでしょう。

また救助死を防ぐには，ロープ，浮き輪などがあればそれを投げるか，なければペットボトルなど浮くものを投げてやることで，それを抱えると浮いて不安感も和らぐかと思います（**図3**）。そんな応急的な対応をしたうえで救助の専門の人にすぐに救助を頼むことが大切です。

図2　背浮き（イラスト：木下　勇）
力を抜き顎を少し上げる，手足を広げる，服や靴は脱がない

図3　ペットボトルを抱えてラッコの格好で背浮き（イラスト：木下　勇）

宮沢賢治の「イギリス海岸」に見る川遊びのリスクマネジメント

「夏休みの十五日の農場実習の間に, 私どもがイギリス海岸とあだ名をつけて, 二日か三日ごと, 仕事が一きりつくたびに, よく遊びに行った処（ところ）がありました。それは本たうは海岸ではなくて, いかにも海岸の風をした川の岸です。」で始まる宮澤賢治の「イギリス海岸」[3)]。

この物語には川遊びの安全に関するヒントがいくつもあります。

まず第一点は地形, 地相をよく観察することです。

> 「それに実際そこを海岸と呼ぶことは, 無法なことではなかったのです。なぜならそこは第三紀と呼ばれる地質時代の終り頃（ころ）, たしかにたびたび海渚（なぎさ）だったからでした。その証拠には, 第一にその泥岩は, 東の北上山地のへりから, 西の中央分水嶺（ぶんすいれい）の麓（ふもと）まで, 一枚の板のやうになってずうっとひろがって居ました。たゞその大部分がその上に積った洪積の赤砂利やローム, それから沖積の砂や粘土や何かに被（おほ）はれて見えないだけのはなしでした。」
>
> 「それにも一つこゝを海岸と考へていゝわけは, ごくわづかですけれども, 川の水が丁度大きな湖の岸のやうに, 寄せたり退（ひ）いたりしたのです。それは向ふ側から入って来る猿ヶ石川とこちらの水がぶっつかるためにできるのか, それとも少し上流がかなりけはしい瀬になってそれがこの泥岩層の岸にぶっつかって戻るためにできるのか, それとも全くほかの原因によるのでせうか, とにかく日によって水が潮のやうに差し退きするときがあるのです。」

このように100万年ものスパンで大地の形成を今の形状から類推し, 自然の力に畏怖を抱きながらも, その力の造形の結果を今の地形, 形相（モルフォロジー）から読み取っています。

次は人の関わりです。

「さてその次の日も私たちはイギリス海岸に行きました。

その日は，もう私たちはすっかり川の心持ちになれたつもりで，どんどん上流の瀬の荒い処から飛び込み，すっかり疲れるまで下流の方へ泳ぎました。下流であがっては又野蛮人のやうにその白い岩の上を走って来て上流の瀬にとびこみました。それでもすっかり疲れてしまふと，又昨日の軽石層のたまり水の処に行きました。救助係はその日はもうちゃんとそこに来てゐたのです。腕には赤い巾（きれ）を巻き鉄梃も持ってゐました。

「お暑うござんす。」私が挨拶（あいさつ）しましたらその人は少しきまり悪さうに笑って，

「なあに，おうちの生徒さんぐらゐ大きな方ならあぶないこともないのですが一寸（ちょっと）来て見た所です。」と云ふのでした。なるほど私たちの中でたしかに泳げるものはほんたうに少かったのです。もちろん何かの張合で誰（たれ）かが溺（おぼ）れさうになったとき間違ひなくそれを救へるといふ位のものは一人もありませんでした。だんだん談（はな）して見ると，この人はずゐぶんよく私たちを考へてゐて呉（く）れたのです。救助区域はずうっと下流の筏（いかだ）のところなのですが，私たちがこの気もちよいイギリス海岸に来るのを止めるわけにも行かず，時々別の用のあるふりをして来て見てゐて呉れたのです。もっと談してゐるうちに私はすっかりきまり悪くなってしまひました。なぜなら誰でも自分だけは賢こく，人のしてゐることは馬鹿（ばか）げて見えるものですが，その日そのイギリス海岸で，私はつくづくそんな考のいけないことを感じました。からだを刺されるやうにさへ思ひました。はだかになって，生徒といっしょに白い岩の上に立ってゐましたが，まるで太陽の白い光に責められるやうに思ひました。全くこの人は，救助区域があんまり下流の方で，とてもこのイギリス海岸まで手が及ばず，それにも係はらず私たちをはじめ

みんなこっちへも来るし，殊に小さな子供らまでが，何べん叱（しか）られてもあのあぶない瀬の処に行ってゐて，この人の形を遠くから見ると，遁げてどての蔭や沢のはんのきのうしろにかくれるものですから，この人は町へ行って，もう一人，人を雇ふかさうでなかったら救助の浮標（ブイ）を浮べて貰ひひたいと話してゐるといふのです。

さうして見ると，昨日あの大きな石を用もないのに動かさうとしたのもその浮標の重りに使ふ心組からだったのです。おまけにあの瀬の処では，早くにも溺れた人もあり，下流の救助区域でさへ，今年になってから二人も救ったといふのです。いくら昨日までよく泳げる人でも，今日のからだ加減では，いつ水の中で動けないやうになるかわからないといふのです。何気なく笑って，その人と談（はな）してはゐましたが，私はひとりで烈（はげ）しく烈しく私の軽率を責めました。実は私はその日までもし溺（おぼ）れる生徒ができたら，こっちはとても助けることもできないし，たゞ飛び込んで行って一緒に溺れてやらう，死ぬことの向ふ側まで一緒について行ってやらうと思ってゐただけでした。全く私たちにはそのイギリス海岸の夏の一刻がそんなにまで楽しかったのです。そして私は，それが悪いことだとは決して思ひませんでした。

さてその人と私らは別れましたけれども，今度はもう要心して，あの十間ばかりの湾の中でしか泳ぎませんでした。」

暑い夏，農学校の生徒も川に飛び込みたくなる，そして教師の賢治も。それが自然にできていた時代のことです。また遊泳区域のみではなく，そういう川に入る周辺の子どもたちも視野において安全管理に気を配る人の存在があります。そしてそういう役割とは認識せずに，変な人と思ってしまった自分の軽率さを悔やむ賢治は，この文章でそういう川の安全に気を配る人の重要性を暗に示しているのです。

地域の川遊びの安全

今の時代，宮澤賢治が「イギリス海岸」で描いたような川と人との関わりは薄れてきています。子どもたちは「川に入るな」と禁止されているところも少なくありません。しかし，禁止されていれば行ってみたくなるのが子どもです。禁止しているから行っていないだろうと思うのは早合点で，もう少し子どもの心の動きを見ていく必要があります。もちろん世の中，従順な子どもが増えて，そういう禁止事項を破るような子どもは少ないと思います。でもいるのです。禁止されていれば，余計に好奇心から見たくなる子，また反抗期が早く来たのか，または何らかの精神的ストレスでとにかく反発をする子などいろいろな理由で禁止を冒す子はいるという前提で，川の安全に気を配る地域の目が必要です。禁止事項の看板を立てればよいというものではありません。人目が届かないところでいじめが過激になって，川に投げ込むか強制的に入らせ，溺れているのを助けず，怖くなって逃げるなどという事件も何度か起こっています。

こういうことを防ぐには地域の目が常に注がれるような川にすることです。川の土手沿いを散歩したり，ジョギング，サイクリングなどをできるよう，大人も川へアクセスしやすいようにして，常に「川に目（eyes on the river）」が行き届くことが，地域の川遊びの安全の第一です。

次に大事なのは危険箇所の伝承です。川で遊んでいた世代は，川の中でも遊ぶ場所は限られていて，行ってはいけない危険な箇所はその地形による呼び名とともに，なぜ危ないかの理由も説明して子どもたちもその危険，怖さも含めて伝承されていました。川の形相（モルフォロジー）による場所場所の呼び名（例えば，壺穴，○淵，○瀬，○堰，○滝，○岩など）は，その場所の意味合いや教訓も含めて，安全管理の伝承として重要な役割を果たしていました。今，その伝承が途絶えようとするなか，その経験を有する年配の世代が奮起して，子どもたちに継承することに熱心に取り組むことを期待したいものです。

野外活動やレジャーなど訪問先の川遊びの安全

子どもを引率しての夏の野外活動を行う場合，家族や友達家族とレジャーに行く場合，そういう地域で伝承されている危険箇所を知らないことが多いことでしょう。来訪者向けに地域の危険箇所の情報を目立つところに掲示したり，インターネットサイトで閲覧できるようにするなど，情報の共有が大事です。

こういった野外活動に詳しい弁護士の早川修氏は次のようにいいます。

> 「子どもの野外活動における重大事故の多くは，指導者が子どもを見失うことにより生じています。また，その前提として，指導者の自然現象・危険箇所に対する認識が充分ではないことも伺われます。そのため，野外活動の指導者は，①子どもは時として大人が予測することができない行動を取るという特性と，②野外という自然の場で活発な活動を行うという特性を充分に理解した上で指導に当たってください。」[4)]

子どもを引率して川遊びに行く場合は，もし事故が起これば引率者の責任が問われます。それを回避するには，事前に危険箇所を地域の人に聞くなどをしてしっかり把握すること。その情報を大人の指導者スタッフ間で徹底的に共有すること。そして子ども2,3人で1グループというように子どもも常にグループ単位で動き，それに1人の大人スタッフがつくといった監視の目を離さない体制が大事です。そのうえで，上記のように子どもの行動は予測不可能な行動があること，さらに自然の環境にも予測不能な事態があることを認識し，異常や危険そうな気配を感じたらすぐに注意喚起を促すか，活動をいったん停止して，その不安要因を皆で共有して，活動を継続するかどうか判断するような慎重さが求められます。

水難事故から身を守るためのツール

水辺での活動では，水難事故を防止するためにさまざまな取り組みが行われてきています。ここでは，そのような取り組み事例や留意事項の代表的なものを紹介します。

① 全国の水難事故マップ

川は一見穏やかに見えても，水面下では複雑な流れが生じていることがあります。中には水中に引き込む下向きの流れが生じていることもあり，これが河童伝説のゆえんではないかともいわれています。過去の水難事故発生地点は，そのような危険が潜んでいることを示す貴重な情報です。

「2-1　川づくりのあゆみ」で紹介した「河川財団 子どもの水辺サポートセンター」では過去の水難事故の発生地点や事故の内容を取りまとめた水難事故マップを公開しています。川遊びに行く際は，その場所での事故発生状況を確認し，危険の有無を十分理解したうえで遊ぶようにしましょう。

WEB 版：http：//www.kasen.or.jp/mizube/tabid118.html

② 水辺の安全ハンドブック

「河川財団 子どもの水辺サポートセンター」では，水辺の事故を防ぐため 2001 年より「水辺の安全ハンドブック」を作成・公開しています。水難事故を防ぐための留意点などがわかりやすく整理されています。

WEB 版：https：//www.kasen.or.jp/mizube/tabid129.html

③ 急な増水による水難事故防止リーフレット

国土交通省が提供する『急な増水による河川水難事故防止アクションプラン』の普及・啓発用のリーフレットでは，急な増水に備えた留意点のほか，気象情報や川のリアルタイム情報の入手サイト（QR コード）なども掲載されています。

WEB 版：https：//www.mlit.go.jp/kisha/kisha07/05/050703_2/03.pdf

④ 水難事故を防ぐための注意喚起看板

各地の注意喚起看板には避難経路の情報も掲載されています。急な増水では，逃げる方向によって生死を分けることもあります。水辺で遊ぶ際は，避難経路を確認しておくことも重要です。

⑤ ライフジャケット，リバーシューズの着用

「水難事故と対策」でも説明しましたが，川で遊ぶときは大人も子どもも装備をしっかりしましょう。特にライフジャケットとリバーシューズは忘れずに。「参考　水遊びのサポーター」で紹介したRAC（川に学ぶ体験活動協議会）の2015年度の調査によれば過去10年間の川での水難事故約2,900件のうちライフジャケットを着用していた事例はたったの19件，割合にして0.65%以下とのことです。ライフジャケットを着用していれば万が一のときに助かる可能性が格段に高まります。

また川の中には何が沈んでいるかわかりません。ガラスの破片など鋭利なものなどから足を守るためにも，リバーシューズ（サンダルではなく脱げ難いもの）を履くようにしましょう。

なお，ライフジャケットは，RACにて販売，レンタルもされています。

WEB版：http：//www.rac.gr.jp/06pfd/syouhin.html

⑥ リーフレット　～川遊びのすすめ～

子どもの水辺研究会では，水辺での活動を支援するために，実際に川に遊びにきている親子へ聞き取り調査を実施し，そこから得られた要望を踏まえ，情報提供を目的としたリーフレットを作成しています。川遊びの際にはぜひ参考にしていただければと思います。

川あそびのすゝめ
発行元：株式会社建設技術研究所
みなさん、ご存知ですか？？
川あそびは、五感を使った自然体験であり、子どもの心身の育成効果が期待されています。
ぜひ子どもたちを連れて、川へ出かけましょう！
学校教育における河川体験学習の効果の定量的把握，（伊藤、原野、富田ら）
川あそびに便利なアイテムの紹介
川ではいろいろな遊びができます。
中でも、魚やザリガニなど、生きものとのふれあいはとても楽しく、子どもたちも目をキラキラさせながら取り組みます。
そんな生きものと触れ合える、とっておきのアイテムを紹介します！
★箱メガネ
まずは、水の中を覗いてみるのが一番！　でも、水面の光が邪魔してよく見えないですよね。
そんなときに便利なのが「箱メガネ」です。
これを使うと、水の中をきれいに見ることができます！！
＜箱メガネ＞
釣り具屋さんやホームセンターで売っています。
★タモ網
魚やザリガニを捕まえるのに便利な道具が「タモ網」です。
虫とり用の網は丸い形をしていますが、これはD型をしています。この平らなところがポイントなんです！
網の部分がD型のものが適しています。
伸縮式のものもあります。
次に使い方の紹介です。
左の写真は、、実は間違った使い方です。
タモ網は、虫とりや金魚すくいのように、網を振るのではなく、網は置いておいて、そこへ足で追い込むのがコツです。
下記コラムにあるのが正しい使い方です。
袋がD型をしていたのは、川底との間に魚の逃げる隙間を作らないためなんです。
＜コラム：水辺の指導者読本～RAC～より抜粋＞
①生きものが隠れていそうな場所を見つけたら、そこにいる生きものが逃げ道としそうな場所を考え、そこを網でふさぎます。
②次に隠れていそうな場所を足を使って探りながら、網の中に追い込むように足を動かします。足を動かした時に掻き出される水と一緒に網の中に流し込むような感じで行います。
③生きものが網に入ったと思われる頃を見計らって網をあげます。

★川あそびで気を付けること
川には、非日常的ないろいろな楽しさがありますが、同時に危険も潜んでいます。
楽しく遊び、元気におうちに帰るためにも、どこに危険が潜んでいるのかを知っておきましょう。
水の中を歩くときの危険要因！
川底に石がたまっている。⇒歩くと石が動いて転倒する可能性があります。
川底が粘土質になっている。⇒とても滑りやすく、転倒する可能性があります。
石やコンクリートの道がある。⇒苔や藻が着いて滑りやすく、転倒する可能性があります。
落差工の危険要因！
石の隙間や複雑な流れがある。⇒藻や隙間に足を取られて、転倒する可能性があります。
その他の危険要因！
水際に草が生えている。⇒水に入る際、草で切傷を負う可能性があります。
空き缶やブロックが落ちている。⇒ゴミ等で切傷等の怪我をする可能性があります。
木々が生い茂っている。⇒スズメバチや毛虫に刺される可能性があります。
★安全に遊ぶための準備★
事故を防ぐためには、準備が大切です。
★事前の準備
①ヘルメット
・ヘルメットは用途によって様々なものがありますが、川では「水抜きがある」「つばのない」ものを選ぶと良いでしょう。
②リバーシューズ
・水抜き穴のついている川用の靴です。サンダルと違い、脱げにくく、また指先の保護にも優れています。
③その他
・害虫やスズメバチに刺されないように、黒色の服装を避け、またできるだけ露出を避けた服装が理想です。
・ゴミがないか確認し、あれば取り除きましょう。
・熱中症には十分注意し、水分を補給させましょう。
・また、上流で大雨が降ると、急に増水することがあります。天気の情報はこまめに確認しましょう。
＜参考QRコード＞
左：（社）日本気象協会　右：川の防災情報-国交省
★事後の準備
①救急箱
・応急手当ができるように救急箱を準備しておくと安心です。
②ポイズンリムーバー
・スズメバチに刺された場合に、毒等を吸い出すための道具です。口で吸い出すよりも安心です。
ポイズンリムーバー
＜川遊びマップ by ClearWaterProject＞
遊べる川が紹介されています。身近な遊び場を探してみましょう！！
★最後に（川あそびを有意義なものにするために）
子どもたちは、自分たちで考えて行動します。お父さん、お母さんはできるだけ、外から見守ってあげてください。援助する場合は、ヒントを与えるだけで、答えを教えるのは最後の最後まで我慢してください。そうすることで子どもたちは大きく成長していきます！あとはゴミ捨て等、マナーを守って遊びましょう。

7-2 災害時の身の守り方～逃げ地図～

災害から子どもたちを守るために

2011年3月11日に起こった東日本大震災で，釜石市に「釜石の奇跡」と注目された出来事があります。震災前から行われていた防災教育が子どもたちの被害を極めて少なくしたと，多くのメディアで取り上げられました。震災前から子どもたちは地震と津波の恐ろしさを学び，東日本大震災のときにも的確に判断し，中には逃げようとしない大人を泣きながら説得して命も守った事例もありました。子どもたちは奇跡ではなく「実績」だといいます。まさに防災教育の積み重ねが，実際に多くの命を救ったことになります[5)]。

「自分の命は自分で守る」という防災教育を徹底してきたことが，子どもたちの命を救うことになったことから，小学校での防災教育はさらにその点に力点を置いて進められるようになりました。文部科学省の「学校防災のための参考資料「生きる力」を育む防災教育の展開（2013年3月）」[6)]においてもそこに力点が置かれています。

「7-1　川遊びのリスクマネジメント」で述べたように，子ども自身がリスクマネジメントの力を身につけることが最大のリスクマネジメントとなることは，災害の対応でも当てはまります。津波からの避難については，釜石のみならず三陸地方で，かつての三陸沖地震をはじめとする大津波の経験から「津波てんでんこ」との表現で，まずは逃げること，家族の安否を気にして家に戻ったりすることはかえって危険で，一目散に高台に逃げることが命を守ることになるという教訓を伝えています。

津波は地震が起きてからの短い時間で津波が到達する前に避難する，時間との勝負ですが，河川の洪水の場合はどうでしょうか。堤防が決壊して水が押し寄せてきたら津波と同じように一瞬に来るでしょう。降雨量の状況から高齢者等避難，避難指示，緊急安全確保という警報も出されるようになっています。怖いのは山津波ともいわれる土砂災害です。地球環境問題として深刻化する気候変動は，今までにない記録的な集中豪雨を引き起こします。備えあれば憂いなしというように，さまざまな災害を想定して「自分の命は自分で守る」ことを徹底し，いざというときの避難を考えておくことが大事です。それは大人のみならず，子どもたちにも必要なことですが，子どものほうが純粋に問題の深刻さを理解し，大人をも動かす力があることを「釜石の奇跡」は示唆しています。

ハザードマップをどう生かすか

わが国は地震，津波，台風，洪水，土砂災害，火山噴火など自然災害の多さは世界でもトップクラスです。各自治体では自然災害の被害予測をして被害の範囲を地図に示したハザードマップを作成しています。主に河川浸水被害，土砂災害，地震災害，津波浸水・高潮，そして地域によっては火山噴火被害（溶岩流・火砕流・火砕サージ・火山灰・泥流など）で被害の範囲が色で塗られて示されています。

問題の第一はこれらの作成されたハザードマップを見たこともない人が多くいることです。また見ていたとしても，その災害が起こったらどこに逃げたらよいか，真剣に考えずに，見たままにしていることも多いです。自分の住んでいるところが危険箇所に入っていると不安感を感じたとしても，どうしたらよいかわからずに，そのままにしている場合も少なくありません。

地域で決めている避難場所，避難所は主に地震のときを想定していますので，ほかの災害のときの避難場所，避難所として適切かどうか，という疑問もそのままにされています。本来，ハザードマップはそれをもとに住民が主体的に避難を考えるための材料ですが，作って終わりという場合も少なくありません。すなわち，そのハザードマップを使い，「自分の命は自分で守る」ことを住民自身が主体的に考え出すことが大切です。個人で考えているだけでは不安を胸の内に止めて，悪い事態は考えないで大丈夫だろうと（正常性バイアスという思考が働き）そのままとなってしまいますが，そういうモヤモヤを吐き出して，個人ではなく地域の多くの仲間で考えていくと，具体的な防災，避難の方法を考えることができるようになります。

「逃げ地図」とは

ハザードマップを見ながら避難をみんなで考える道具の一つとして「逃げ地図」があります 。「逃げ地図」[7] とは，災害時の避難経路や避難時間を地図上に可視化したツールであり，避難弱者である子どもや高齢者にも配慮した避難のあり方を，できるだけ簡単な方法で住民自身が考え，地図として落とし込むことにより，災害を自分ごととして考えられるようになります。

ここでは, 津波や洪水による浸水の場合を想定した「逃げ地図」の作成例について，ご紹介します。(図 4)

まず予想される津波や洪水の到達点より高い位置に道路が届く点など安全な緊急避難の場所を探します。そして選定した緊急避難場所から 3 分間で動ける標準距離（高齢者が 10 度の傾斜を登るのに 3 分間で 129 m と割り出しています）の革ひもを，地図の縮尺に合わせて用意し，これをあてて緑色に塗ります。

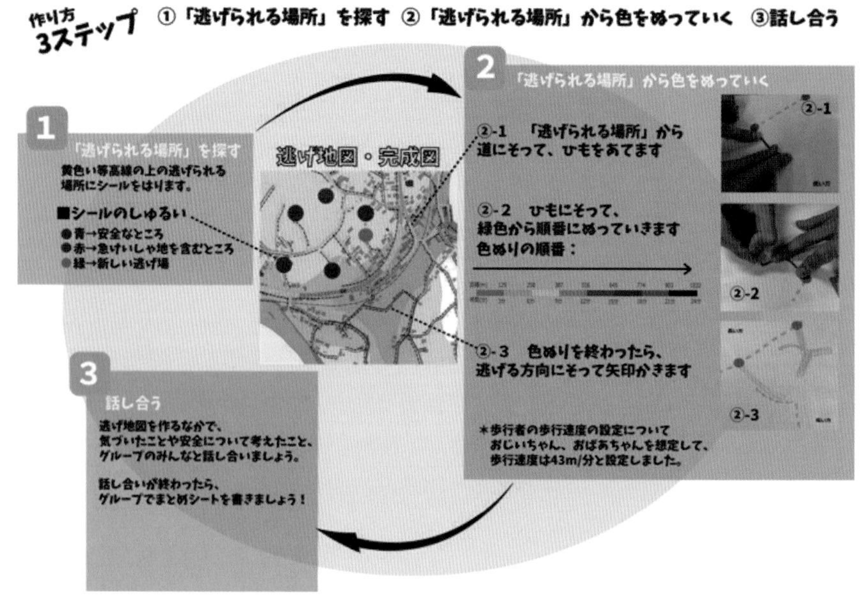

図4　「逃げ地図」の作り方 [7]（提供：木下 勇）

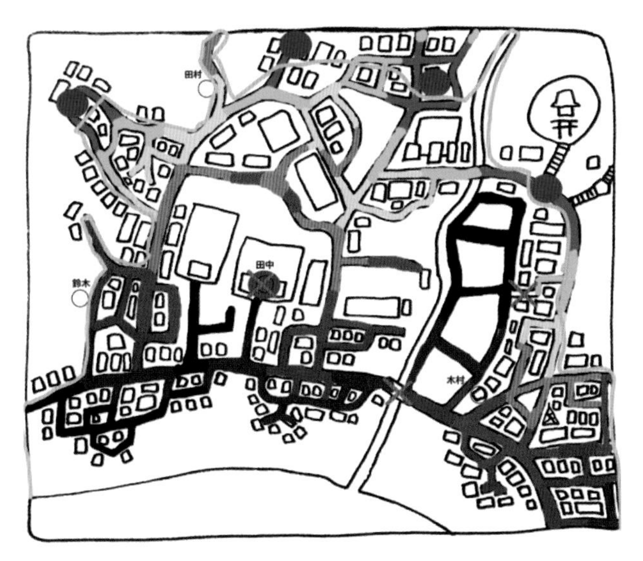

図5　できあがった逃げ地図（青丸が避難地点でそこから3分ごと避難時間で塗り分け）[7]（提供：木下　勇）

すべて塗ることが大事です。皆で分担してすべて塗ります。塗り終わったら，次の3分間の距離を黄緑色，そして次に黄色，さらにオレンジ色，赤色と道路を3分間のスリットで塗り分けていきます。そうすると赤色に塗られた道路は緊急避難場所まで12分から15分かかるということがわかります。そしてその地図のさまざまなポイントから最短の避難場所やそこまでの道順がわかります。そのようにして，地図上に地域の道路がすべて色のスリットで塗り分けられ，それぞれの場所から最も近い避難場所と避難にかかる時間がわかるようになります。さらにそれぞれの道から一番近い避難場所への避難の方向を地図上に記していきます。そうやって避難のための地図「逃げ地図」ができあがります（**図5**）。

学校の授業での「逃げ地図」づくり

防災教育は小学校1，2年生には生活科，3年生以上では総合的学習の時間での取り組みが多くなります。上級生になると理科や社会などの時間を活用することもあります。総合的学習では関連科目も絡めて総合的に進めることは，担任の先生の裁量でできます。まさにねらいどおりに子どもたちが自ら疑問を展開する主体的な学びの中で，理科に関する事柄も，社会に関する事柄も，そして表現の国語に関する事柄も学んで，子ども自身が総合化していく学びの効果を発揮できるでしょう。それには「逃げ地図」づくりがうってつけの方法となります[8)]。

「逃げ地図」づくりを行う場合に，まずはどんな災害を想定して行うのか，それを決めることが第一です。そしてハザードマップを参考に見ながら，その災害に対して安全な避難場所を確認していきます。子どもたちと行う場合，その年齢にもよりますが，だいたい小学校3年生ぐらいから地図を見ることができるでしょう。1/2,500ぐらいで学区全体が入るぐらいの白地図を用意し，ハザードマップを読み解いて，津波災害や洪水災害を想定した場合には，浸水域に入らない，高台の地点につながる道が浸水域から出たところを避難地点として印をつけます。例えば，青い，または赤いドットのシールを用意しておいて，そのドットシールを貼ってもらいます。地図に慣れるために，最初に自分の家を探してマークしてもらうと，自分の家の周りの様子を地図で確認しながら地図を読めるようになります[9)]。

そうやって慣れてきたら，ハザードマップの土砂災害の危険区域を見て，それが高台の避難場所として設けたところと重なっているかどうかチェックしてもらいます。それが重なっている場合には，判断が難しくなります。その場合には子どもたちと話しながら，また行政の担当の方に確認しながら，果たして津波と土砂災害，洪水と土砂災害が同時に起こるかどうかを確認するとよいでしょう。また避難場所までの道もブロック塀が倒壊したり，橋が落ちたり，洪水や土砂災害などにより通行不可能となる危険性の高い道は通れないという×印をつけたりします。こんなふうに地図を使って災害の想定と安全な場所，経路を考えるだけでも1，2コマの授業時間が必要となります。でもこれは最初の条件設定を自分たちで考えるため，ハザードマップを読んだりするには欠かせない時間です。

2015年河津町立南小学校での総合的学習の時間を使った逃げ地図づくり
(提供：木下　勇)

地域の人と現場の点検

「逃げ地図」を学校教育などで子どもたちを対象に行うには，1回のみならず，数回に分けて調べることが大切です。周囲の大人にも聞いたり，調べ学習として行ったほうが，子どもの正直な問いかけに，大人も不安な問題をそのままにしていたことを反省し，防災に真剣に取り組むように大人を巻き込んでいくことができます。

表3は実際に河津町立南小学校（静岡県河津町）で行ったプログラム[10)]です。学校だけで抱え込まずに，地域の自治会や防災の組織と協働して進めることです。子どもたちが自分の地区の逃げ地図づくりを行う，それを見守りながら，疑問には答えたり，現場で歩いて点検したりするなかで地域の大人たちにも防災意識が芽生えてきます。子どもたちから「避難場所の公民館が浸水域にある」という矛盾や，「千年近く歴史のあるお寺は土砂災害の警戒区域から外れているので避難場所として最適だが，避難所に指定されていないので毛布をはじめ避難

コラム⑰ 逃げ地図に必要な下図の準備

1／2,500の白地図は役所などから購入できますが，それを数グループ分も用意するのはたいへんです。またネットで地図をダウンロードして印刷するといっても大型プリンターがないとどうしたらよいか悩みます。小さく部分部分をコピーして貼り合わせることも，子どもたちのグループ作業としてできなくもありません。役所の防災担当に連携していただけると，そういう地図の協力を得られるでしょう。または地域に建築事務所，測量会社などがあれば，そういう専門の方々に一緒に防災を考える協力者になっていただき，地図の印刷をお願いしてみましょう。または白地図を用意しなくてもハザードマップの部分部分を拡大コピーして，貼り合わせることでもよいでしょう。その場合はカラーコピーではなく白黒コピーにしないと，逃げ地図で色塗りをした色が目立たないのでご注意ください。

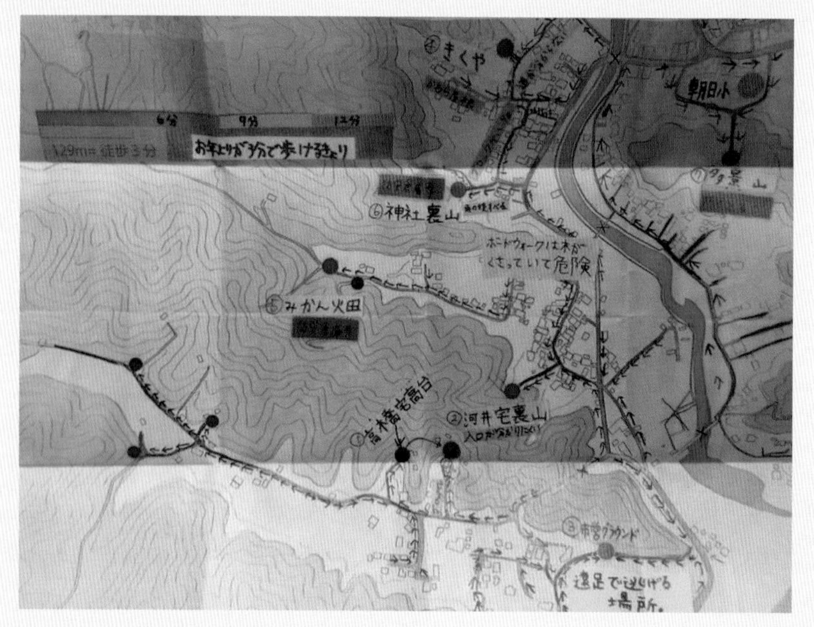

まにあわせの地図でも可能（提供：木下　勇）

の備蓄がない。避難所として使われるかもしれないのでここにも備蓄が必要」というような疑問を投げかけられた大人たちは，多くの問題を放置したままであったことに気づかされ，避難を真剣に考えるようになります。

そしてある地区では子どもたちに教わりながら避難訓練に逃げ地図づくりを行い，子どもたちが逃げ地図を通じて感じた問題を世代間で共有しました。

表3　実施された防災教育カリキュラム[7)]（提供：木下　勇，寺田光成）

	STEP1．予想する	STEP2．見直す	STEP3．共有する
実施内容	今ある生活知や資料などを活用し，どこに避難すれば安全でどこが危険か予想し，話し合う。	・講義やワークから得られた情報を適宜地図に書き込み，これまで書いた情報を見直し，逃げ地図を更新する。	・ほかの班との意見交換を行う ・逃げ地図を活用して，ほかの学年や地域に情報発信する。
実施日	2015/10/6	1．10/22，2．11/9，3．11/12，4．11/18	12/5
時間数	2時間（45分1コマを1時間とする）	10時間	1時間
共同者	県議員，町会議員	県議員，地域住民，防災士	地域住民，防災士，県議員，町会議員
授業内容	・ワーク：「今津波が来たら自分ならどうするか避難場所とルート考える」 ・講座：「ハードマップの読み方」 ・ワーク：「班で安全そうな避難場所と危険な場所について話し合う」	1．フィールドワーク 2．フィールドワークの振り返り 講義「地震と津波」 3．ワーク：「さらに深く考えよう。避難場所・ルートの再検討」 講義「妖怪と考える防災のそなえ」 ※宿題ワークシート「親・地域の人にインタビュー」 4．ワーク：「さらに深く考えよう。避難場所・ルート・危険箇所を見なおそう」	ワーク：「地図に避難時間を加え，気づいたことを報告しあう」 【学校外活動】 ・地域で学習成果の発表 ・多世代で逃げ地図づくり
アンケート結果／コメントの一例	・「ほんとうに安全なのか行って確かめたい」 ・「自分の地区でどこがどう危ないかを調べたい」	・「日ごろ考えてもいない危険があった」 ・「宿題のワークを通して，昔地域であった災害について知ることができた」	・「大人の人たちの考えと自分たち子どもの考えを比べると全く違うことに驚きました」
補助教材	・活動マニュアル	・ワークシート	

地区で避難訓練時に逃げ地図づくりを企画（子どもたちに教えてもらった）[7)]
（提供：木下　勇，寺田光成）

河川を対象に「逃げ地図」づくり

「逃げ地図」づくりは東日本大震災の復興支援で入っていた株式会社日建設計ボランティア部の人たちが最初に考案したものです。津波災害を想定して考え出されたものですが，河川の洪水被害，土砂災害などにも応用して使われてきています。なによりの成果はその逃げ地図づくりの過程でリスクコミュニケーションが図られることです。一人でハザードマップを見て，不安に感じてもどうしたらよいかわからないですが，集団で「逃げ地図」づくりをしますと，前向きに避難を考えられます。また，いろいろ不十分な体制，物理的環境の問題も共有化されて，改善の方向へ気運が盛り上がり，防災のまちづくりに発展する可能性があります。しかも子どもたちが参加することでごまかしが効かず，正統的な論理で子どもたちからハッパをかけられたように大人たちも改善活動へ動き出します。

河川の洪水対策に応用するには，過去の洪水被害などの歴史を調べ，地形をみて浸水する区域はどこか想定してみるなど，「逃げ地図」づくりを行う前の準備作業が重要です。ハザードマップは現場の細かな状況を反映していない可能性があるので，そういう地域の歴史を調べて脆弱な箇所を点検していくことが大事です。また近年の豪雨災害の被害から考えると，流域の小河川や山から流れ込む沢など幅が狭くても豪雨の場合に相当量の水が流れ，倒れた木が流れをせき止めて大洪水が発生するという場合があるので，流域上流の小河川や山の状態も含めて点検が必要です。

先の河津町立南小学校での「逃げ地図」づくりでの子どもの発話から，山の斜面の状態でどこが崩れやすいかなど，外で遊び回っている子どものほうがよく知っていたり，地域のお祭りや催しなどに参加している子どものほうが防災の意識も高いという事実がありました。「7-1 川遊びのリスクマネジメント」で子どもの水難事故のリスクマネジメントでも子ども自身が遊びを通じて心身ともに危機管理能力を高めることに言及しましたが，防災も同じであり，河川をはじめ，周辺の災害に対しての脆弱なところを遊びを通じて認識し，さらに地域の人々との交流を通じて防災意識が高まると考えられます。

子どもたちは，防災で守られる対象ではありますが，防災まちづくりの主体の一員でもあります。大人だけで考えるのではなく，子どもたちと一緒に避難や防災まちづくりを考えることが大事です。「逃げ地図」づくりはそのための道具として役立つプログラムの一つです。

《参考文献》

1) 警察庁生活安全局生活安全企画課（2021.6.17）「令和２年における水難の概況」
https：//www.npa.go.jp/publications/statistics/safetylife/chiiki/R02suinan_gaikyou.pdf
2) 斎藤秀俊（2012）「浮いて待て！命を守る着衣泳」新潟日報事業社
3) 宮澤賢治（1980）「イギリス海岸」新修宮沢賢治全集，第 14 巻，筑摩書房
4) こども環境学会 子どもの遊びと安全・安心が両立するコミュニティづくり制作委員会・日本学術会議（第 21 期）子どもの成育環境分科会成育空間に関する政策提案検討小委員会（2010）「子どもの自由な遊びと安全・安心の環境形成のためのガイドライン（道・学校・農山村編）」
5) 片田敏孝（2011.4）「小中学生の生存率 99.8% は奇跡じゃない「想定外」を生き抜く力」
http：//wedge.ismedia.jp/articles/-/1312
6) 文部科学省（2013）「学校防災のための参考資料「生きる力」を育む防災教育の展開」

7）逃げ地図づくりプロジェクトチーム編著（2019）「災害から命を守る『逃げ地図』づくり」ぎょうせい
8）木下　勇 研究代表（2017）「『多様な災害からの逃げ地図作成を通した世代間・地域間の連携促進』報告書」JST RISTEX 研究開発領域 コミュニティがつなぐ安全･安心な都市･地域の創造
9）子ども安全まちづくりパートナーズ（2017）「防災教育のための逃げ地図づくりのマニュアルとワークシート」https：//kodomo-anzen.org/activitys/activityslist/2017/
10）寺田光成・木下　勇・山本俊哉・重根美香・羽鳥達也（2017）「河津町における子どもの屋外活動・地域活動と防災意識に関して - 多様な災害からの逃げ地図の作成・活用に関する研究（12）」日本建築学会大会学術講演梗概集，pp.443-444

8 子どもたちの遊ぶ水辺
～私たちからの五つの提案～

水辺は，いつの時代も，子どもたちが，伸び伸びと遊び，
さまざまな体験の中で自ら生きる力を身につけていく，
魅力あふれる空間です。
私たちはそんな水辺や水辺を取り巻くまちを
創出するためのプレイフルインフラの構築について
提案します。

子どもの水辺研究会からの提案

わが国では1960年代ごろまで，大都市の中にも自然が残り，道や路地や寺社の境内，空き地とともに，子どもたちにとっての格好の遊び場となっていました。当時は，計画的に整備された公園などはまだ少なかったのですが，それにもかかわらず，余りある遊び場を，子どもたちはそこかしこに探し出すことができました。このような遊びの空間とともに，子どもたちには自由な時間がありました。日本の経済的な発展は，食べる物は少なかったものの，遊び場にも遊び時間にも遊び仲間にも恵まれた環境に育った人々によって支えられていたといっても過言ではありません。

しかしながら，現代の子どもたちは遊び場であった道を自動車に奪われ，川を汚され，また暗渠化され，遊びの宝庫であった林や田畑は宅地や工業団地に変えられてしまい，子どもたちには遊び空間も，遊び時間も，遊び仲間もいなくなってしまっています。戦後の街の変化として，一つ目は身近な自然とのつきあい，二つ目は共用の暮らしの場，三つ目は共に楽しむ人づきあい，これらが失われてきていることが子どもの遊びにも大きな影響を与えているともいわれています。

ものは豊かにはなりました。しかし，果たして子どもたちは幸せなのでしょうか。そして，21世紀の日本は，創造的な国であり続けられるのでしょうか。

自然と共生した持続可能な社会が求められる現代において，豊かな水辺空間を保全・創出していくことの大切さは，子どもたちが水辺での遊びを通じてそのことを体感的に理解していくことからはじまります。大人の都合により子どもたちが外で気軽に遊べなくなり，多くの体験をする機会が失われている今，子どもの遊び環境のことを，もっともっと大人が考えていかなければなりません。子どもたちは遊びの天才ですが，その才能を発揮できる社会を，今こそ取り戻してあげるべきではないでしょうか。

子どもたちの心身の健全な発達のために外遊びは欠かせないものであり，その具体的な場として，私たちは都市の中に，地域の中に，子どもたちの遊び場を計画し，つくり出し，安全に楽しく遊ぶことができるよう，適切な支援をしていかなければなりません。技術革新と社会変革という大きな時代の転換期にある今，私たちは遊び場の量も質も確保していく必要があるのです。そうでないと，日本の未来，いや地球の未来はありません。

このような問題意識から，私たち「子どもの水辺研究会」では，2014 年から 2020 年にかけて，都市の水辺で遊ぶ子どもたちの発話をはじめとする現地調査を踏まえ，水辺が子どもたちの健全な発達，成長に大切な創造力や課題解決力を自ら身につける場所として，とても重要であることを立証し，子どもにとっての水辺空間の重要性を改めて認識しました。

河川をはじめとする水辺の空間には，古くから治水や利水の機能を有するほか，自然の命を育み，美しい風景を描き，人の心を癒すための大切な役割があるといわれてきました。しかし，そうした役割は，例えば経済的な効果として数値で評価することは非常に難しいところがあります。また，どうしても治水や利水の整備が先に立ち，可能ならば配慮するといった程度の見方しかされてこなかったのも事実です。このため，そのような水辺空間を保全，創出するための予算について，なかなか社会的な合意形成が得られないケースも多くありました。

近年では，水辺空間の魅力をまちづくりに積極的に取り込んでいくような開発事例が増えてきています。その一方で，都市化や空間の効率的な活用の流れを受けて，自然豊かな水辺空間が都市から失われつつあるのが実態です。

かつて水の都であった江戸・東京から，この 100 年余りの間に多くの水辺空間が姿を消していきましたが，失われたものを再び取り戻すことは容易ではありませんし，回復には多額の費用が必要になります。その象徴的な事例が日本橋川の上空を覆う首都高速道路の地下化事業です。長い時間をかけて多くの議論がなされ，ようやく実現することとなりました。

私たちは，子どもたちの成長にとって大切である自然豊かな水辺空間がこれ以上都市から失われないように，そして，未来においても，この水辺空間で遊び，学ぶことを通じて，子どもたちが自ら生きる力を身につけることができるようにとの願いを込めて，ここに五つの提案をします。

提案１

子どもたちが身近な自然と触れ合い，豊かな遊びや学びを経験する場としての水辺空間を未来の子どもたちに残していくため，「子どもの視点で考える川づくり」を進めていくことが必要です。

本書の２章では，主に戦後におけるわが国の河川行政の推移を軸に，子どもたちが遊び，学ぶ場としての河川や水辺の空間がどのような考え方で整備されてきたかを簡単に振り返ってきました。一時期，子どもたちの歓声が消えるほどに悪化した都市部を中心とする河川の環境は，次第に改善されつつあるとはいえ，まだ十分なものではありません。

貴重な体験の場として，水辺空間を未来の子どもたちへ残していくためにも，これからは「子どもの視点で考える川づくり」が必要です。

ここで，「子どもの視点で考える川づくり」とは，以下の４点に留意するものと考えます。

【子どもたちが自ら遊びたくなる環境の創出が必要】

河川の改修や水辺空間の整備において，自然環境や景観，あるいは親水利用のために，さまざまな配慮がなされるようになってきています。しかし，これらの川づくりの計画や設計は，大人の目から見た美しさや使い勝手の良さ，管理のしやすさから考えられたものが多く，本当に子どもたちが遊びたくなるもの，楽しめるものにはなっていないのではないでしょうか。子どもは，多様で複雑さを感じる場に関心を持ちます。

【“教育”の観点だけでなく，感性を育む気づきの場とすることが必要】

わが国では，自然環境との触れ合いや遊びの場において，ともすると大人目線の教育の観点で考えがちです。子どもには，大人から受ける教育とともに，子ども自身が自然に触れ，感じることによって自ら育つ自律性が必要です。このことによって，教育のみでは育まれない感性や気づきが涵養され，自ら生きる力を身につけることができます。水辺は子どもにとって大切な感性を育む気づきの場です。さらには，仲間と一緒に河川での野外体験や自然体験を通じて身体感覚を磨く場にもなります。

今までのような人生設計のロールモデルが通用しないような予測困難な時代を子どもたちがたくましく生き残っていくためには，自然や社会の荒波にもまれ，感性や身体感覚を磨く体験を積み重ねていくことが極めて重要です。

【河川が本来的に持つ恩恵や危険性を感じとる場とすることが必要】

河川の自然環境，景観，水資源などから，私たちは多くの恩恵を受けていますが，同時に，河川は大雨が降った場合には災害を引き起こし，また日常においても水難事故の危険性を内包した場でもあります。子どもには，このような河川が本来的に持つ多面性に自ら気づくことができるような取り組みが必要です。「水辺は危険だから近づくな」という教えだけでは，不十分です。また，このためには，教育現場を預かる教師や地域の大人たちがまず河川や水辺に関心を持ち，よく知ることが大切です。

【未来の子どもたちを見据えた長期的視点での水辺の保全・再生・創出が必要】

水辺の整備はどうしても当面の課題解決として，治水や利水が優先となりがちであり，自然環境や子どもたちの遊びは「できるところでは配慮する」という考え方を抜け出せていません。しかし，将来にわたって子どもたちが遊び続け，水辺ならではの体験の機会を提供することも，水辺本来の姿なのです。そのためには，まちづくりとの連携が大切になりますが，事業実施段階では相変わらず縦割りで行われたり，事業区間ごとに細切れで行われたりしていて，なかなか長期的な展望をもって実施されていません。これからは，未来の子どもたちに残すべきまちと水辺の姿を描き，それを実現するため，長期的な視点に立って，水辺を保全，再生，創出していくことが必要です。

提案２

「子どもが遊びを通して自ら生きる力を身につける」視点から，水辺空間の価値を再評価することが必要です。

本書の５章では，水辺で遊ぶ子どもたちの発話を現地で収集し，子どもの心身の発達，特に創造力や課題解決力の育成には，自然豊かな水辺での遊び体験が有効であることを科学的手法によって明らかにしました。

子どもたちは，多様で常に変化する河川の流れや水辺空間に生きる動植物の命を通じて，さまざまなことを学び，仲間とともに考え，時には危険を回避する力を身につけています。これからの水辺空間の保全や整備にあたっては，そうした子どもの遊びの視点を踏まえて，水辺空間の価値を再評価し，その価値を活用していくための保全，整備を考えていくことが必要です。

提案３

子どもが輝く水辺空間のデザインにあたっては，「プレイフルインフラ」の概念を取り入れることが必要です。

都市の自然豊かな水辺空間は，子どもたちにとって楽しい外遊びの場であり，創造力や課題解決力を育む学びの場です。水辺空間は遊びにとって不可欠な要素をたくさん備えていますが，その水辺空間に子どもたちが簡単に，安全にアプローチできるよう，まちづくり全体の構造を考えることで，その価値はさらに高まります。

このような子どもたちの遊びの場としての水辺空間やまちを創出するためのインフラ施設を私たちは「プレイフルインフラ」と名づけました。本書の６章では，「プレイフルインフラ」としての水辺空間や，まちと水辺をつなぐ「プレイフルインフラ」に必要な要素を取りまとめました。

「プレイフルインフラ」は，子どもの視点から考えた機能や構造，配置を有するインフラであり，「子どもが好きなだけ探求し，発見し，創造活動が展開する空間」,「大人が足場をかけてあげられる空間」です。子どもたちを家や学校，塾だけに押し込めるのではなく，子どもたちが自ら成長できるような空間づくりを，インフラ整備に携わるすべての関係者は心がけるべきです。

提案 4

「プレイフルインフラ」がその機能を果たすためには，それを支える地域の力を育てることが必要です。

本書の「6-5　プレイフルインフラと大人の足場かけ」では，「プレイフルインフラ」がその機能を発揮し，子どもたちが伸び伸びとそこで遊ぶためには，それを適切に計画，管理，運用するための地域の力，すなわち，遊びの主役である子どもたちをはじめ，地元住民，行政，NPOなどのサポーターの活動が欠かせないことを示しました。

にぎわいのある水辺空間や公園，プレイパークなどがある地域には，子どもたちの活動を受け入れ，時に熱心に指導する大人たちの存在があり，子どもたちの安全を常に見守る大人たちの目があります。

また，こうした「プレイフルインフラ」での子どもたちの遊びを軸として，その地域には世代を超えた交流が生まれ，それは地域コミュニティの形成にもつながります。地域が「プレイフルインフラ」を支え,「プレイフルインフラ」が地域の形成を促進していくためにも，地域の力を同時に育てていくことが大切です。

提案 5

子どもの外遊びを保障する社会の形成に向けて，「子どもの遊び基本法（仮称）」を制定するとともに，地域が主体となった「子どもの遊び環境マスタープラン」の作成を提案します。

日本では長らく子どもの遊び，特に「外遊び」が子どもの心身の発達に重要な要素であるという認識が十分なされない時代が続いてきました。その結果，本来「外遊び」を通じて身につけていた創造力や直観力，集中力，忍耐力，コミュニケーション能力，リーダーシップといった大切な能力を養う機会を，今の子どもたちは失っています。

将来を担う子どもたちが大人に成長してからもたくましく生き抜いていくためには，これらの力を適正に養成できる環境づくり，子どもたちを大切にする生活様式を今一度，重視していくべきだと思います。

そのため，仙田　満がその著書「子どもとあそび―環境建築家の眼―」（岩波新書，1992）の中で提案した「あそび基準法」[1)]の考え方をヒントとして，

① 外遊び時間の増加
② 外遊び空間の整備・充実
③ プレイリーダー，プレイワーカー中心とした遊び集団（群れて遊ぶ仲間）の再生
④ 子どもが関係するインフラ整備にあたっては，子どもの参画による子どもの視点の確保
⑤ 住民による遊び環境マスタープランの作成

などを盛り込んだ「子どもの遊び基本法（仮称）」の制定を提案します。

また，「プレイフルインフラ」は公共事業としてそれぞれの所管行政に整備を委ねるだけではなく，それを活用する地域も計画，立案に参画し，管理の一部も担っていくことが大切です。その際には，子どもたちの考えをできるだけ反映することが望まれます。

このため，子どもの日常的な行動範囲である小学校区ごとに，水辺，学校，道路，公園などを生かし，挑戦課題につながる動線やプレイフルインフラの構造を基本とした「子どもの遊び環境マスタープラン」を，子どもたちと地域住民，行政などが協働で作成することを提案します。

国土交通省では，地域活性化を目的として，市町村や民間事業者とも協力しながら，河川空間とまち空間とが融合した良好な空間形成を目指す「かわまちづくり」の施策を積極的に推進しています。こうした既存の施策においても，子どもの遊び環境の整備，管理，運営の視点を重点テーマとして追加し，小学校区ごとに具現化していくことが必要です。

子どもの水辺研究会

参考③ 成育基本法（略称）

一般的に，基本法とは，国政に重要なウェイトを占める分野について国の制度，政策，対策に関する基本方針・原則・準則・大綱を明示したものとされています。基本法の例として，2018年に「成育基本法」（略称）が制定されています。「子どもの遊び基本法（仮称）」の検討にあたって，参考になる事例です。

【成育基本法の正式名称】

成育過程にある者及びその保護者並びに妊産婦に対し必要な成育医療等を切れ目なく提供するための施策の総合的な推進に関する法律

【成育基本法の目的】

次代の社会を担う成育過程にある者の個人としての尊厳が重んぜられ，その心身の健やかな成育が確保されることが重要な課題となっていること等に鑑み，児童の権利に関する条約の精神にのっとり，成育医療等の提供に関する施策に関し，基本理念を定め，国，地方公共団体，保護者及び医療関係者等の責務等を明らかにし，並びに成育医療等基本方針の策定について定めるとともに，成育医療等の提供に関する施策の基本となる事項を定めることにより，成育過程にある者及びその保護者並びに妊産婦に対し必要な成育医療等を切れ目なく提供するための施策を総合的に推進する。

【成育基本法の主な内容】

○ 定義
○ 基本理念
○ 国，地方公共団体，保護者，医療関係者等の責務
○ 関係者相互の連携及び協力
○ 法制上の措置等
○ 施策の実施の状況の公表
○ 成育医療等基本方針の策定と評価
○ 基本的施策
○ 成育医療等協議会の設置

《参考文献》

1）仙田　満（1992）「子どもとあそび―環境建築家の眼―」岩波新書

おわりに

「子どもたちの外遊びが激減し, 同時に孤独感にさいなまれている子どもたちの割合が世界的にも突出して高いわが国で, 水辺は子どもたちにとって貴重な自然体験の場になり, 心身の健全な発達に寄与できるのではないか, その水辺が“整備”という視点で大人の目線で計画, 設計されており, 子どもたちにとって魅力的な場になっていないのではないか」という問いかけが, 株式会社建設技術研究所に設置されている国土文化研究所の中で挙がりました。

その声を受け, 2014年から本研究が始まりました。当初は主に社内の研究者・技術者により研究を進めていましたが, 2019年には土木工学, 建築学, 発達心理学, こども環境学, 都市計画学の分野においてわが国を代表する研究者および社内の研究者・技術者からなる「子どもの水辺研究会」を設立し, 分野横断的に科学的な視点で研究を進め, 議論を深めてきました。その結果, 現地での子どもの行動観察, 発話, それらの科学的分析により, 外遊び, 特に水辺での遊びを通じて子どもたちが自ら身につける能力・資質, およびそれらを育む環境条件を明らかにすることができました。

わが国では, 効率的に子どもたちに学力や身体能力を身につけさせるために, “教育”(教えて育てる)という観点が重視されてきました。外での体験をもととする“遊び”という行動を通じて自ら育む心身の発達は効率性や危険性の観点から軽視され, 同時に都市の発展とともに“無駄”を排除する経済的効率性の観点から子どもたちの遊び場自体が奪われていきました。そのなかで, 子どもたちに主要な遊び場を提供してきた水辺も, 都市の発達により水質が悪化し, また激増した都市水害を軽減するために直線化, コンクリート護岸などの工事が行われ, “整備”がなされてきました。これらの大人目線の経済性, 効率性の追求こそが, 実は子どもの心身の発育に大きな影響を与えました。

本書は, わが国の戦後社会が生み出した子どもたちをめぐる環境を子どもの目線から改善することにより生き生きとした生活を送り, 心身の健全な発育ができるよう, 研究成果をもとに「子どもの水辺研究会」からの提案としてまとめたものです。その中では, “プレイフルインフラ”という新たな概念を提示し,環境改善のために五つの提案を行っています。

本書が，まちづくりや水辺空間などのインフラ整備を担っている行政の方々，子どもの教育や保育に携わっている教育関係の方々，子育てをしている方々や地域づくりに参加されている方々，など多くの関係者にとって，子どもたちの外遊びの大切さやそれを支える社会環境，自然環境づくりを考えてくださるきっかけとなることを願っています。

この本を読んでいただいた皆様から，ご感想やご意見などをお寄せいただければ幸甚です。

■お問い合わせ先
株式会社 建設技術研究所
ホームページ　http://www.ctie.co.jp/contact/

(2022年3月現在)

◆子どもの水辺研究会委員 (五十音順)

池田駿介 (いけだ・しゅんすけ) 子どもの水辺研究会 座長

【現職】株式会社建設技術研究所 国土文化研究所研究顧問,(一財)公正研究推進協会専務理事,東京工業大学名誉教授

【専門・資格】水理学。工学博士

【取組紹介】人材育成に関連して,技術者倫理および各種技術者資格制度に携わってきたが,そのなかで自律性の重要性を認識し,そのコンピテンシーを身につけるためには子どものころからの外遊びが重要であることに気づいたことが本研究推進のモチベーションになっている。

【執筆担当】2章2-1,おわりに

内田伸子 (うちだ・のぶこ) 子どもの水辺研究会 委員

【現職】IPU・環太平洋大学教授,お茶の水女子大学名誉教授

【専門・資格】発達心理学,認知科学,保育学。学術博士。2021年度文化功労者

【取組紹介】途上国の女子教育支援事業の一環として,16年前から「中西部アフリカ・アフガニスタン幼児教育研修事業」に取り組み,またNHK「おかあさんといっしょ」の番組開発・コメンテーター,ベネッセの子どもチャレンジの監修,しまじろうパペットの開発をはじめ,知育玩具や絵本の開発・監修にも取り組んでいる。

【執筆担当】3章,コラム⑦

加納敏行 (かのう・としゆき) 子どもの水辺研究会 委員

【現職】株式会社建設技術研究所 国土文化研究所顧問

【専門・資格】土木工学,特に水工学。修士(工学),技術士(総合技術監理部門・建設部門)

【取組紹介】1979年に建設省(当時)に入省し,ほぼ30年の間,水資源・水防災行政に係わる。子どものころは,愛知県の中心部を流れる矢作川,その支川の乙川,小支川の伊賀川,また市内の里山や寺の境内などで,近所の悪ガキたちとの遊びに明け暮れた。この体験が私の「原風景」であり,生き抜いていくための創造力の源になっている。

【執筆担当】2章2-1

木下　勇（きのした・いさみ）　子どもの水辺研究会 委員

【現職】 大妻女子大社会情報学部教授，千葉大学名誉教授

【専門・資格】 住民参画のまちづくり，都市計画，農村計画など。工学博士

【取組紹介】 海，川，山に恵まれる静岡の旧東海道蒲原宿の安政５年築の古民家に住み，リノベーションと庭の手入れをしながら，市ヶ谷のキャンパスに通い，女子大生にビオトープ，生態系豊かなまちづくりを教える。

【執筆担当】 7章，コラム⑥，⑰

仙田　満（せんだ・みつる）　子どもの水辺研究会 委員

【現職】 株式会社環境デザイン研究所会長，こども環境学会代表理事，東京工業大学名誉教授

【専門・資格】 環境建築学，こどもの成育環境とデザイン。工学博士

【取組紹介】 こどもが困難を乗り越え，成長する環境や地域が持続的に発展するための好循環を生む環境形成の研究として遊環構造理論を提唱し，それを応用したデザイン・設計に取り組んでいる。また知的生産者の公共調達の選定に関する法的整備に関する社会活動にも従事している。

【執筆担当】 4章

寺田光成（てらだ・みつなり）　子どもの水辺研究会 委員

【現職】 高崎経済大学地域政策学部特命助教，千葉県松戸市岩瀬自治会集会所管理人，日本冒険遊び場づくり協会情報研究センター主任研究員，IPA 日本支部 運営委員など

【専門・資格】 ランドスケープ計画・管理，こども環境。小学校教員免許。博士（農学）

【取組紹介】 子どものことは子どもに，地域のことは地域に，地域の自治会館に居住しながら，さまざまな地域をつくる多様主体と協働した研究調査，遊び場づくりに励んでいる。1991 年生まれの外遊び・電子ゲームのハイブリッド世代として双方の楽しさを理解しながら屋外空間を魅力的に活用・創出する研究実践に取り組んでいる。

【執筆担当】 1章，2章2-2，6章6-5

◆子どもの水辺研究会 研究担当者 （五十音順）

稲葉修一（いなば・しゅういち） 子どもの水辺研究会 事務局

【現職】 株式会社建設技術研究所 東京本社環境部 主任
【専門・資格】 修士（工学），技術士（建設部門）
【取組紹介】 入社以来複数の親水空間のデザインに従事。科学や文明が進んでも，子どもの普遍的な愉しみや発見は水辺遊びや水辺での生き物探し。水辺のプレイフルインフラを広めたい。
【執筆担当】 5章5-2，5-3，5-6，6章6-3，6-4，コラム⑤，イラスト

上野山直樹（うえのやま・なおき） 子どもの水辺研究会 事務局

【現職】 株式会社建設技術研究所 大阪本社環境部 主幹
【専門・資格】 河川環境。プロジェクトWETファシリテーター，RACリーダー，修士（工学）。技術士（建設部門）
【取組紹介】「土木学会　教育企画・人材育成委員会　キッズプロジェクト検討小委員会」メンバーとして，子どもたちへの土木・環境についての普及・啓発を推進するなかで，自らも小学校の川の環境教育支援に参加している。水辺に輝くいきいきとした子どもたちの笑顔を見て感じた，“子どもたちにもっと水辺を！”の気持ちが，本研究推進のモチベーションとなっている。
【執筆担当】 1章1-1，2章参考①，2-2，5章5-5，5-8，イラスト

大須賀麻希（おおすが・まき） 子どもの水辺研究会 事務局

【現職】 株式会社建設技術研究所 東京本社環境部 技師
【専門・資格】 技術士補（環境部門）
【取組紹介】 建設コンサルタントとして自然環境の保全，河川の利活用の計画等に従事。川づくりに魅力を感じ，多自然川づくりや水辺の利活用の検討にやりがいを感じる。研究をきっかけに，中小河川を見ると，子どもの遊び方や利活用の方法をつい考えてしまう。
【執筆担当】 5章5-8，6章6-5

木村達司（きむら・たつし）　子どもの水辺研究会 事務局

【現職】 株式会社建設技術研究所 国土文化研究所国土文化事業部 研究員
【専門・資格】 河川工学。修士（工学），技術士（総合技術監理部門・建設部門）
【取組紹介】 建設コンサルタントの河川計画，河川環境分野の仕事に従事し，多自然川づくりや河川景観形成のガイドラインづくりを担当。国土文化研究所では，「お江戸日本橋舟めぐり」などの舟運事業の企画・運営や，「東京デルタ水網都市構想」に関する研究など，40 年以上水辺と関わっている。趣味は国内外の川歩き，舟めぐり。
【執筆担当】 はじめに，2 章 2-1，6 章 6-1，6-2，コラム②，③，⑨，⑩，⑫～⑮，8 章参考③

嶋本宏征（しまもと・ひろゆき）

【現職】 株式会社建設技術研究所 東京本社交通システム部 主幹
【専門・資格】 修士（工学），技術士（総合技術監理部門・建設部門）。上級土木技術者（交通・防災・マネジメント）
【取組紹介】 地域の子どもの遊び場に関する活動を経て，子どもの遊びや活動に関わるさまざまな団体の支援に取り組んでいる。また，住宅地の路地や軒先での遊びをきっかけにした多様なコミュニティ形成に関心を持ち，調査・研究・小規模実験にも取り組んでいる。
【執筆担当】 コラム①，⑪

髙橋裕美（たかはし・ひろみ）　子どもの水辺研究会 事務局

【現職】 株式会社建設技術研究所 九州支社環境室 主任
【専門・資格】 修士（芸術工学），技術士（建設部門）。一級ビオトープ計画管理士
【取組紹介】 河川環境の保全や利活用の企画・計画・運営等に従事。水辺に関わる人たちと水辺の魅力を知って，川づくりにやりがいを感じる。研究をきっかけに，全国の水辺で生き生きと遊ぶ子どもたちを見るたびに，発話に耳を傾けてしまうようになる。
【執筆担当】 5 章 5-8，コラム⑧

竹内えり子（たけうち・えりこ）　子どもの水辺研究会 事務局

【現職】 株式会社建設技術研究所 東京本社環境部 主幹

【専門・資格】 博士（工学），技術士（建設部門），一級土木施工管理技士

【取組紹介】 河川環境の保全や利活用の企画・計画・運営等に従事。多自然川づくりでは石組みを使った瀬淵の再生などの検討を経験。仕事と余暇ともに，川を眺め，体感して癒されている。

【執筆担当】 5章5-8，コラム④

土井康義（どい・やすよし）　研究チーフ・子どもの水辺研究会 事務局

【現職】 株式会社建設技術研究所 東京本社環境部 グループリーダー

【専門・資格】 自然環境保全。プロジェクト WET ファシリテーター，RAC・CONE リーダー。修士（情報科学），技術士（建設部門）

【取組紹介】 建設コンサルタントとして自然環境保全の仕事に従事。また，子どもの水辺サポートセンター在席中に第1回アジア・太平洋水サミットの公式関連行事「アジア・太平洋子ども水交流会」に事務局主担当として参画し，水に親しむ子どもたちの素晴らしさを体感する。これをきっかけとして，子どもたちが遊べる水辺づくりや環境教育に興味をもち，本研究にも主担当として参画している。

【執筆担当】 はじめに，2章参考②，5章5-1，5-2，5-3，5-4，5-7，6章6-3，6-4，7章7-1，コラム⑯

写真，図表，イラスト提供

特に記載のないものは株式会社建設技術研究所提供

編集担当

株式会社建設技術研究所 国土文化研究所 松田光弘

子どもが遊びを通じて自ら学ぶ
水辺のプレイフルインフラ

定価はカバーに表示してあります。

2022年6月1日　1版1刷発行

ISBN 978-4-7655-3481-9 C3037

編　者　建設技術研究所
　　　　国土文化研究所
著　者　子どもの水辺研究会
監修者　池田駿介
　　　　内田伸子
　　　　木下勇
　　　　仙田満
発行者　長滋彦
発行所　技報堂出版株式会社
〒101-0051　東京都千代田区神田神保町1-2-5
電　話　営　業　(03)(5217)0885
　　　　編　集　(03)(5217)0881
　　　　FAX　(03)(5217)0886
振替口座　00140-4-10
URL　http://gihodobooks.jp/

日本書籍出版協会会員
自然科学書協会会員
土木・建築書協会会員

Printed in Japan

装丁　ジンキッズ　　印刷・製本　三美印刷